Liebe Schülerin, lieber Schüler,

in diesem Büchlein findest du viele interessante und lustige Einmaleinsaufgaben. Du wirst bald sehen, dass du immer besser und sicherer wirst, je fleißiger du übst!

Die Aufgaben werden im Laufe des Heftes schwieriger.
Du erkennst es an der Farbe der Aufgabennummer:
grün – leichte Aufgaben
blau – etwas schwierigere Aufgaben
rot – schwierige Aufgaben
lila – Rechenkönig-Aufgaben: Diese Aufgaben findest du zwischendurch. Für jede richtig gerechnete Rechenkönig-Aufgabe bekommst du eine Rechenkrone. Du darfst sie auf der vorletzten Seite in deiner Lieblingsfarbe ausmalen. Wie viele Rechenkronen kannst du sammeln?

In der Mitte des Heftes ist ein herausnehmbarer Lösungsteil, mit dem du deine Ergebnisse überprüfen kannst.

Viel Freude dabei wünscht dir deine

Brigitte Schreiber

Dieses Buch gehört:

____

Einmaleins mit 2: Sockensalat

1 Immer zwei Socken gehören zusammen. Wie viele Socken hängen an der Leine?

▶ **Schreibe** erst die Plusaufgabe, dann die Malaufgabe!

	2 + 2 + 2 = ____ 3 · 2 = ____
	2 + ___ + ___ + ___ + ___ = ____ ___ · 2 = ____
	____________ ____

2 Lauter rote Socken! Wie viele Socken**paare** sind es?

▶ **Kreise** zunächst immer 2 Socken (= ein Paar) **ein**!

▶ **Schreibe** die passende Aufgabe dazu!

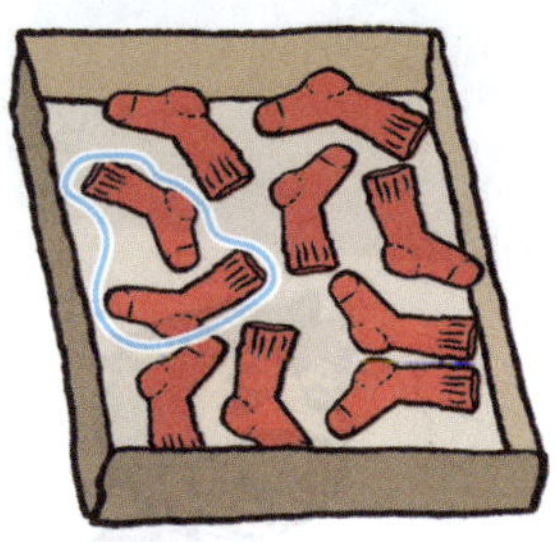

10 : 2 = ____ (Paare) ___ : 2 = ____ ____________

3 **Rechne!**

7 · 2 = ____	3 · 2 = ____	20 : 2 = ____
8 · 2 = ____	9 · 2 = ____	16 : 2 = ____

Zwillingspaare

4 Wo ist Rudi? Er ist der einzige Hund, der keinen Zwillingsbruder hat. Findest du ihn?

▶ **Kreise** ihn **rot ein**!

Einmaleins mit 5 und 10: Auf dem Bauernhof

5 In jedem Netz sind 5 Äpfel.
Wie viele Äpfel hat der Bauer verpackt?

▶ **Schreibe** die passenden Plus- und Malaufgaben unter die Netze!

Beispiel:

5 + 5 = 10

2 · 5 = 10

5 + ___ + ___ + ___ = ____

____ · 5 = ____

____

____ · ____ = ____

____

____ · ____ = ____

6 Die Bäuerin verkauft auf dem Markt 7 Säcke Kartoffeln.
Ein Sack Kartoffeln kostet 5 Euro.

Frage: Wie viel Geld bekommt sie?

Rechnung: ________________________________

Antwort: ________________________________

____

7 Welches Ei gehört zu welcher Henne?

▶ **Verbinde** die Aufgaben mit dem richtigen Ergebnis! **Benutze** dazu **unterschiedliche** Farben!

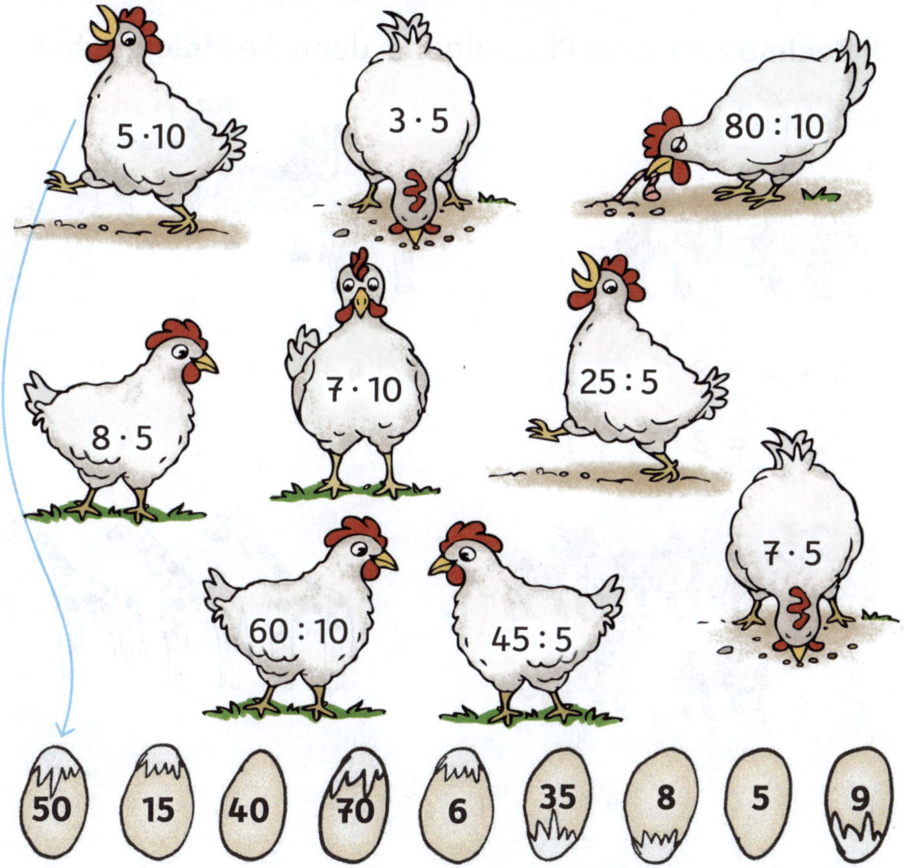

5 · 10

3 · 5

80 : 10

8 · 5

7 · 10

25 : 5

7 · 5

60 : 10

45 : 5

50 15 40 70 6 35 8 5 9

8 Welche Eier passen in die 5er-Reihe?

▶ **Male** sie **an**!

Einmaleins mit 4: Im Zoo

9 Im Zoo gibt es viele Tiere mit vier Beinen.
Wie viele **Beine** siehst du?

▸ **Rechne** zuerst die Plusaufgabe, dann die Malaufgabe!

Beispiel:

4 + 4 = 8

2 · 4 = 8

4 + ___ + ___ + ___ = _____

_____ · 4 = _____

____

_____ · _____ = _____

____

_____ · _____ = _____

10 ▸ **Schreibe** die 4er-Reihe rückwärts **auf**!

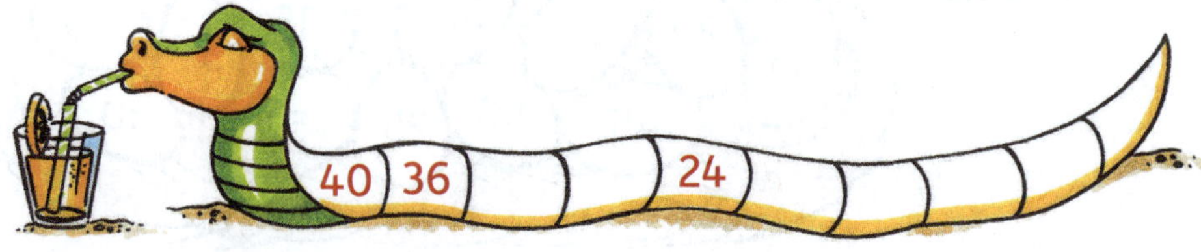

11 Welche Zahlen gehören zum Einmaleins mit 4?

▶ **Kreise** sie blau **ein**!

12 Willst du wissen, welches das schnellste Tier im Zoo ist?

▶ **Rechne** die Aufgaben!

▶ **Setze** die Buchstaben in die entsprechenden Kästchen unten **ein**!

4 · 4 = 16 → R	36 : 4 = ___ → A
12 : 4 = ___ → E	7 · 4 = ___ → P
20 : 4 = ___ → D	32 : 4 = ___ → G

Ein

				R	
8	3	28	9	16	5

läuft 100 Kilometer in einer Stunde.

Verdoppeln und halbieren: Zauberei

13 Der Zauberschüler Fridolin muss bei seiner Zauberprüfung alles **verdoppeln**. Hilfst du ihm?

Alle **rot** geschriebenen Wörter findest du auf der letzten Seite erklärt.

Willst du **verdoppeln** eine Zahl, rechne sie **2-mal**.

▶ **Schreibe** erst die passende Plusaufgabe, dann die Malaufgabe neben die Bilder und **rechne** sie **aus**!

+

3 + 3 = ____

2 · 3 = ____

+

____ + ____ = ____

____ · ____ = ____

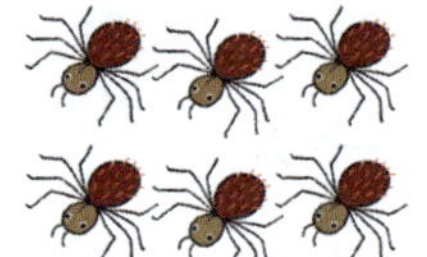

+

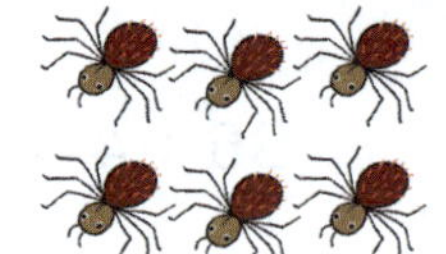

____ + ____ = ____

____ · ____ = ____

14 ▶ Kannst du auch diese Zahlen **verdoppeln**?

4	9	2	5	6	10	20	12
8							

15 Mit einem Zauberspruch kann Fridolin alles **halbieren**.

▶ **Zeichne** eine Trennlinie | **ein**, die jeweils die Bilder halbiert!

▶ **Schreibe** die passende Aufgabe neben die Bilder und **rechne** sie **aus**!

8 : 2 = ____

____ : 2 = ____

____

____

16 ▶ **Halbiere** auch diese Zahlen!

12	10	20	6	14	40	80	100
6							

Einmaleins mit 3 und 6: Auf dem Jahrmarkt

17 An der Wurfbude: Welche Zahlen gehören zum Einmaleins mit 3?

▶ **Male** die Dosen **an**!

18 ▶ **Verbinde** jeden Luftballon mit der richtigen Aufgabe! **Benutze** dazu **unterschiedliche** Farben!

▶ Ein Luftballon bleibt übrig. **Kreise** ihn **rot ein**!

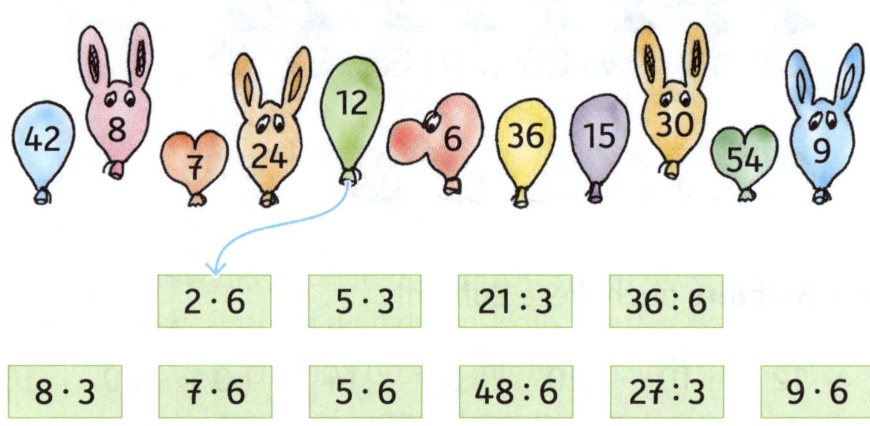

19 Lose ziehen

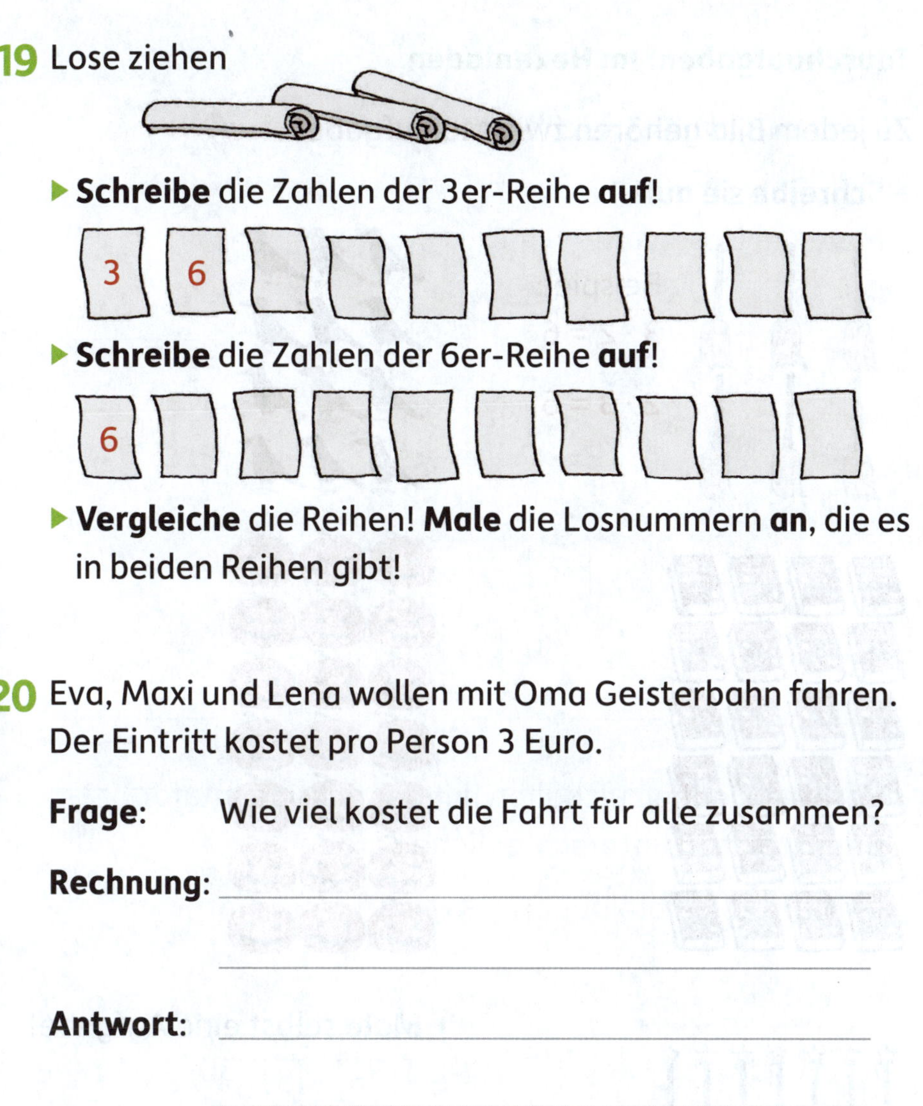

▶ **Schreibe** die Zahlen der 3er-Reihe **auf**!

▶ **Schreibe** die Zahlen der 6er-Reihe **auf**!

▶ **Vergleiche** die Reihen! **Male** die Losnummern **an**, die es in beiden Reihen gibt!

20 Eva, Maxi und Lena wollen mit Oma Geisterbahn fahren. Der Eintritt kostet pro Person 3 Euro.

Frage: Wie viel kostet die Fahrt für alle zusammen?

Rechnung: ______________________

____

Antwort: ______________________

____

Bist du schon müde? Dann mach doch ein wenig Gymnastik! Streck dich, mach dich so groß, wie du kannst! Dann mach dich so klein, wie du kannst! Wiederhole diese Übung fünfmal langsam!

Tauschaufgaben: Im Hexenladen

21 Zu jedem Bild gehören zwei Malaufgaben.

▶ **Schreibe** sie **auf**!

Beispiel:

$3 \cdot 2 = 6$

$2 \cdot 3 = 6$

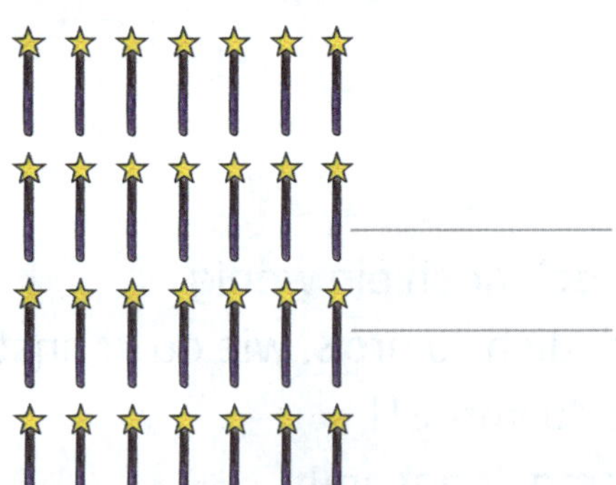

▶ **Male** selbst eine Aufgabe!

Einmaleins mit 8: Eine schöne Nacht

22 Kennst du die 8er-Reihe?

▶ **Schreibe** sie in die Sterne!

23 Die Fledermäuse fliegen in ihre Höhlen.

▶ **Verbinde** jede Fledermaus mit dem richtigen Ergebnis! Benutze dabei **unterschiedliche Farben**!

▶ Nur eine Fledermaus bleibt draußen. **Kreise** sie rot **ein**!

10 · 8 8 · 8 3 · 8
2 · 8 9 · 8 6 · 8
5 · 8 4 · 8 7 · 8

80 16 72 64
32 56 24 40

Einmaleins mit 9: Sportlich, sportlich

24 Hier darfst du mit Pfeil und Bogen zielen.

▶ **Male** auf der Zielscheibe alle Felder mit Zahlen aus dem 9er-Einmaleins **rot an**!

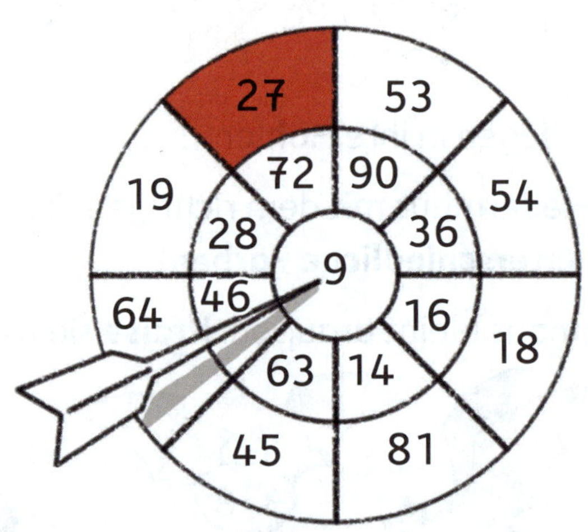

25 Die Lehrerin verteilt 45 Tennisbälle an 9 Kinder.

Frage: Wie viele Bälle bekommt jedes Kind?

Rechnung: ______________________

____

Antwort: ______________________

____

26 Für welche Sportart brauchst du Federn? Na, eine Idee?

- **Rechne** die Aufgaben!
- **Setze** die dazugehörigen Buchstaben in die Kästchen **ein** und du erfährst den Namen der Sportart!

								N
81	4	45	6	18	3	7	72	10

27 Einmaleins mit 7: Ritterzeit

Findest du die Zahlen aus dem 7er-Einmaleins?

▶ **Kreise** sie **ein**!

28 Möchtest du wissen, was zur Ausrüstung vieler Ritter gehört hat?

▶ **Rechne** die Aufgaben!

▶ **Male** die Felder mit den richtigen Ergebniszahlen **rot an**!

3 · 7 = 21	10 · 7 = ___
70 : 7 = ___	35 : 7 = ___
14 : 7 = ___	7 · 7 = ___
7 · 6 = ___	63 : 7 = ___
49 : 7 = ___	21 : 7 = ___
4 · 7 = ___	7 · 8 = ___
56 : 7 = ___	42 : 7 = ___
7 · 5 = ___	9 · 7 = ___

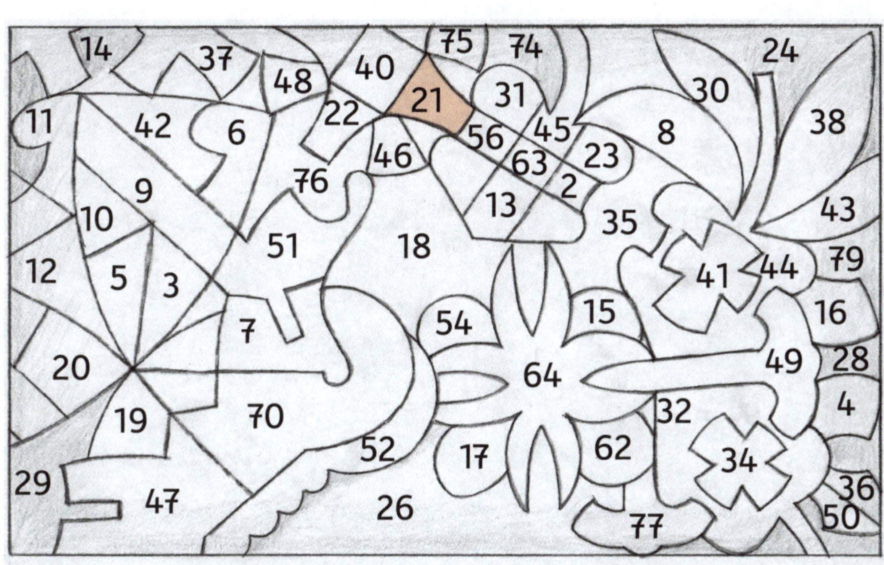

▶ Welche 4 Dinge siehst du?

____

29 Umkehraufgaben

▶ **Teile** und **kontrolliere** das Ergebnis mit der Umkehraufgabe!

15 : 5 = 3
3 · 5 = ____

20 : 5 = ____
____ · ____ = ____

18 : 2 = ____
____ · ____ = ____

24 : 3 = ____
____ · ____ = ____

40 : 4 = ____
____ · ____ = ____

30 : 6 = ____
____ · ____ = ____

81 : 9 = ____
____ · ____ = ____

56 : 7 = ____
____ · ____ = ____

30 Aufgabenfamilien: Zauberhüte

▶ In jedem Zauberhut haben sich vier Aufgaben aus dem kleinen Einmaleins versteckt. **Schreibe** sie **auf**!

$8 \cdot 3 = 24$

$3 \cdot 8 = 24$

$24 : 3 = 8$

$24 : 8 = 3$

31 Nachbaraufgaben: Für Rechenkönige

▶ **Löse** die Aufgaben!

Wir sind gute Nachbarn. Unsere Aufgaben heißen Nachbaraufgaben.

4 · 5 = ___	5 · 5 = ___	6 · 5 = ___
6 · 7 = ___	7 · 7 = ___	8 · 7 = ___
7 · 8 = ___	8 · 8 = ___	9 · 8 = ___
5 · 6 = ___	6 · 6 = ___	7 · 6 = ___
8 · 9 = ___	9 · 9 = ___	10 · 9 = ___
9 · 10 = ___	10 · 10 = ___	11 · 10 = ___

▶ Wenn du alle Aufgaben richtig gerechnet hast, bekommst du eine Rechenkrone!
Male sie auf der vorletzten Seite **aus**!

32 Kleine Pause: Auf dem Sportfest

Auf dem Sportfest haben drei Kinder nur Unsinn im Kopf.

▶ Findest du sie? **Kreise** sie **rot ein**!

Quadratzahlen

33 In jedem Wort hat sich eine Zahl versteckt.

▶ **Finde** die Zahl und **kreise** sie **ein**!

▶ **Nimm** sie mit sich selbst mal. Du erhältst die Quadratzahl!

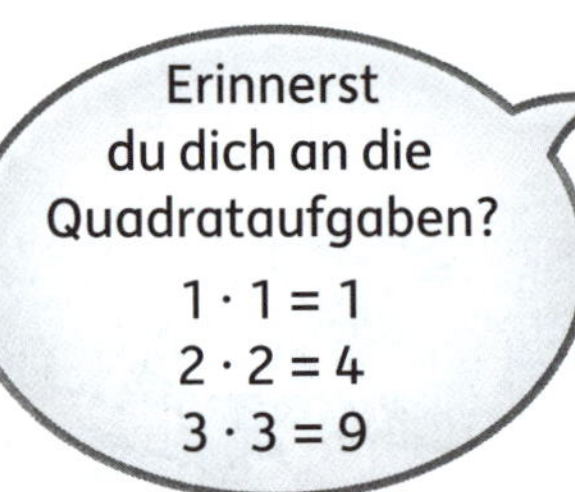

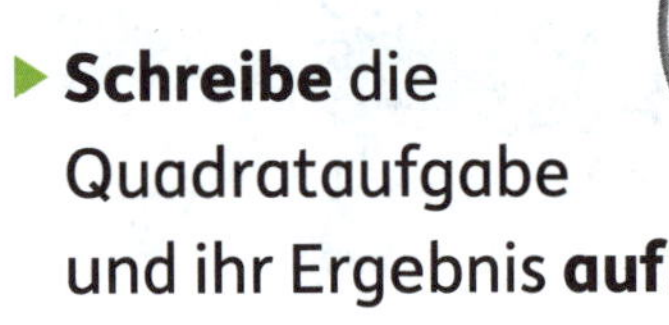

▶ **Schreibe** die Quadrataufgabe und ihr Ergebnis **auf**!

Steinschleuder $1 \cdot 1 = 1$

Nacht ______________

Tannenzweige ______________

Siebenschläfer ______________

Motorradreifen ______________

Polizeirevier ______________

34 Nicht alle Zahlen sind Quadratzahlen.

▶ **Streiche** die falschen Zahlen **durch**!

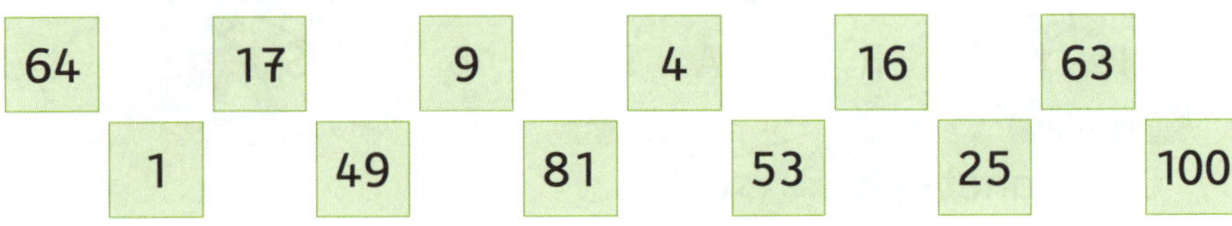

Einmaleins mit 2, 4 und 8: Planeten im Weltall

35 Die Sonne und ihre acht Planeten sind vor ungefähr 4600 Millionen Jahren aus einer gewaltigen Wolke aus Staub und Gasen entstanden. Möchtest du wissen, wie einige der Planeten heißen?

▶ **Male** die Zahlen aus dem **2er-Einmaleins** und das Feld darunter **blau an**!

1	4	5	6	10	13	14	15	17	18	19	20
I	N	D	E	P	F	T	L	S	U	B	N

Der Planet heißt: ______________________.

▶ **Male** die Zahlen aus dem **4er-Einmaleins** und das Feld darunter **rot an**!

3	8	11	12	16	22	26	32	34	36	40
A	M	O	E	R	F	L	K	M	U	R

Der Planet heißt: ______________________.

▶ **Male** die Zahlen aus dem **8er-Einmaleins** und das Feld darunter **gelb an**!

7	18	24	32	42	48	54	56	62	64	72
L	K	U	R	N	A	P	N	B	U	S

Der Planet heißt: ______________________.

Einmaleins mit 6 und 9: Tierisch interessant

36 Möchtest du wissen, welches Tier bis zu 150 Tonnen schwer und 30 Meter lang werden kann?

▶ **Male** alle Felder mit Zahlen aus dem **6er**-Einmaleins und alle Felder mit Zahlen aus dem **9er**-Einmaleins **blau an**!

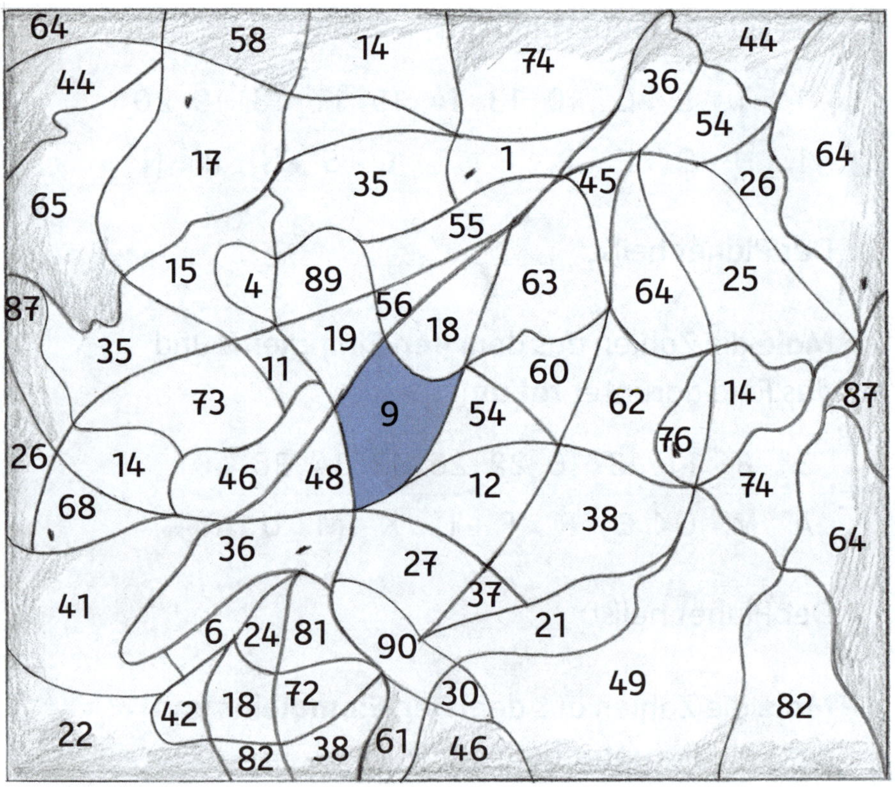

Das Tier heißt: ______________________________.

Einmaleins mit 2, 4 und 8: Hilf dem Eichhörnchen!

37 Immer zwei Nüsse haben das gleiche Ergebnis.

▶ **Verbinde** sie mit unterschiedlichen Farben!

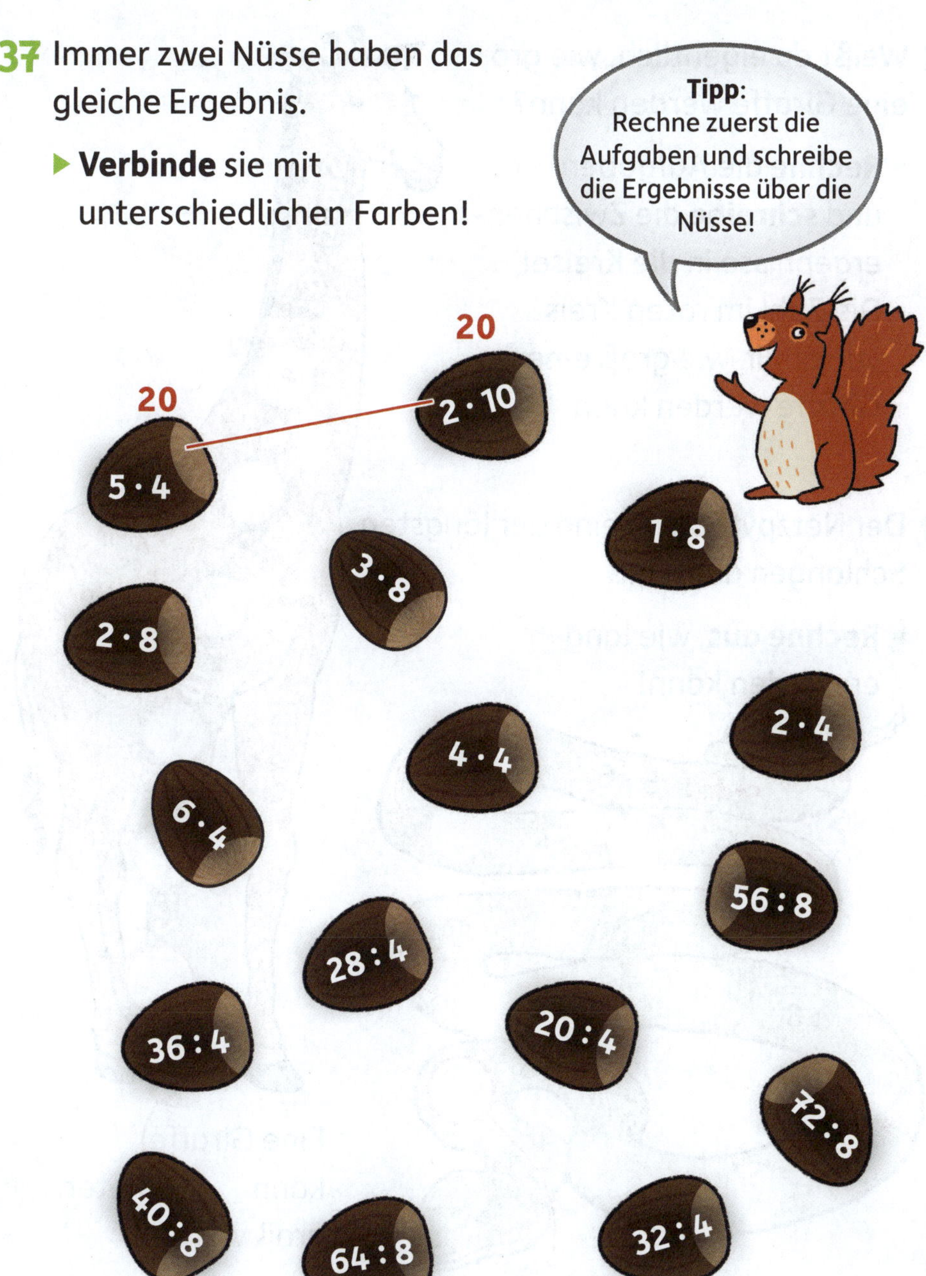

Gemischte Einmaleinsaufgaben: Tierisch interessant

38 Weißt du eigentlich, wie groß eine Giraffe werden kann?

▶ **Rechne** die Aufgaben und **schreibe** die Zwischenergebnisse in die Kreise! Die Zahl im roten Kreis verrät dir, wie groß eine Giraffe werden kann.

Start: 16 : 4
4
· 2
· 5
: 10
· 3
: 2

Eine Giraffe kann _____ Meter groß werden.

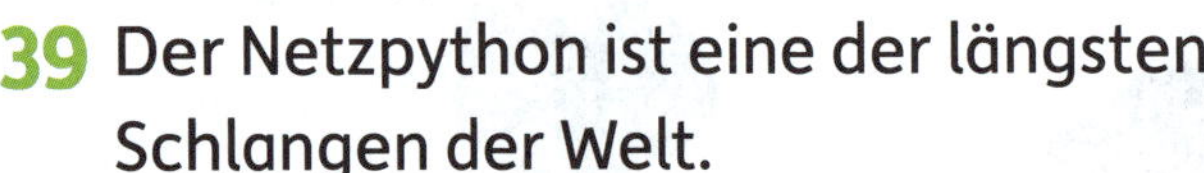

39 Der Netzpython ist eine der längsten Schlangen der Welt.

▶ **Rechne aus**, wie lang er werden kann!

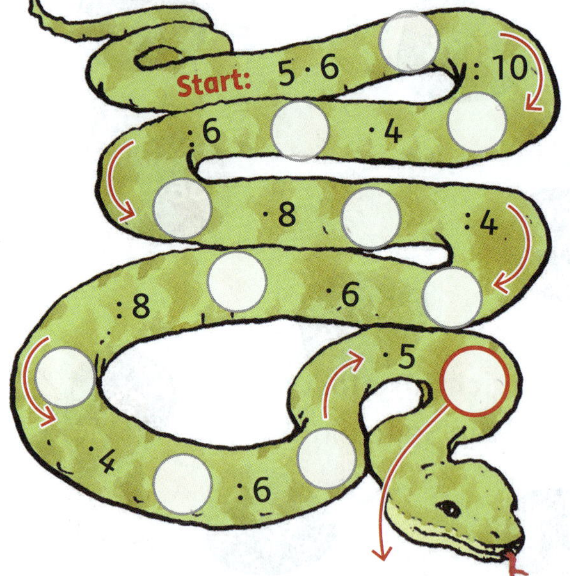

Ein Netzpython kann _____ Meter lang werden.

Gemischte Einmaleinsaufgaben: Für  Rechenkönige

40 Sandra hat ihre Mathehausaufgabe geschafft! Nur leider hat sie einige Aufgaben falsch gerechnet.

- **Nimm** dir einen Rotstift und **verbessere** die Ergebnisse!
- **Streiche** falsche Ergebnisse **durch** und **schreibe** die richtige Lösung **daneben**!

8 · 2 = ~~14~~	16	3 · 4 = 18	
4 · 10 = 40		4 · 4 = 16	
5 · 5 = 27		3 · 9 = 27	
7 · 4 = 32		6 · 4 = 30	
8 · 4 = 32		5 · 7 = 35	
9 · 6 = 72		6 · 8 = 49	

- Wenn du alle Aufgaben **richtig gelöst** hast, darfst du auf der vorletzten Seite eine Rechenkrone ausmalen!

Einmaleins mit 3, 6 und 9: Raubüberfall

41 Raubüberfall in der Villa Edenburg! Detektiv Freddi Flink hat eine heiße Spur. Erkennst du den Fluchtweg des Diebes?

- **Rechne** die Aufgaben!
- **Male** die Ergebniszahlen unten bunt **an**!

3 · 3 = 9	90 : 9 = ____
18 : 6 = ____	27 : 3 = ____
7 · 3 = ____	5 · 9 = ____
6 · 6 = ____	63 : 9 = ____
36 : 9 = ____	8 · 6 = ____
3 · 5 = ____	9 · 8 = ____
30 : 6 = ____	54 : 6 = ____
7 · 6 = ____	9 · 9 = ____

- Wo hat sich der Dieb versteckt? **Kreise** das Gebäude **rot ein**!

Gemischte Einmaleinsaufgaben: Schau genau!

42 In jedem Dreieck siehst du die Zahlen einer Einmaleinsreihe. Nur eine Zahl in jedem Dreieck gehört nicht dazu. Findest du sie?

▶ **Kreise** sie **rot ein**!

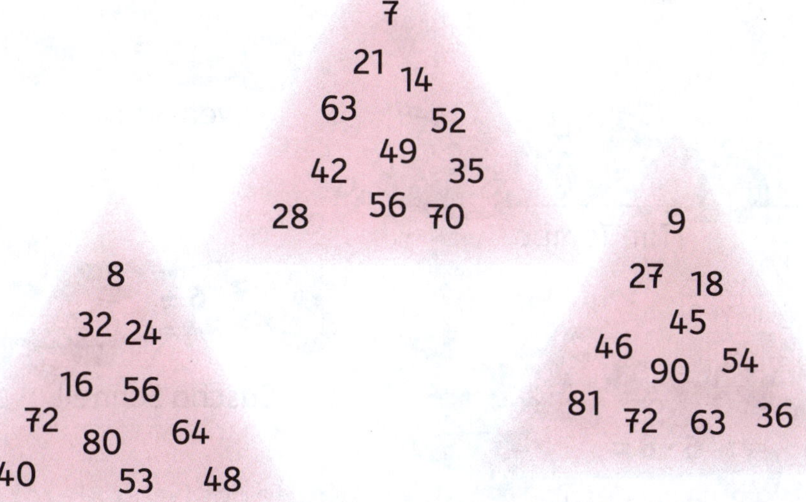

Gemischte Einmaleinsaufgaben: Autorennen

43 Wer ist der schnellste Rennfahrer?

- **Rechne** die Aufgaben in den Autos! Der Rennfahrer mit dem höchsten Ergebnis gewinnt das Rennen.
- **Male** sein Auto **rot an**!

Heino Hurtig

Leo Langsam

Fritz Flitz

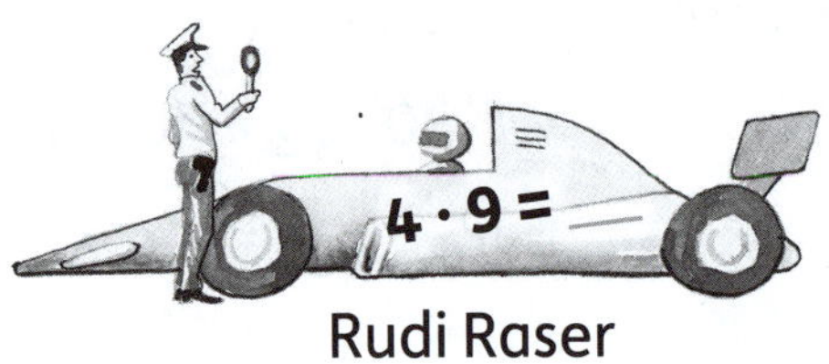

Rudi Raser

Sven Sause

Tim Tempo

Sascha Schnell

Rolf Rastlos

Kennst du die Einmaleinszahlen?

44 In jeder Reihe siehst du die Einmaleinszahlen aus **einem** Einmaleins. Nur hat sich in jeder Reihe ein Fehler eingeschlichen. Findest du ihn?

- **Finde heraus**, welche Einmaleinsreihe es ist!
- **Streiche** die falschen Zahlen **rot durch**!

5	10	15	20	25	30	~~36~~	40	45	50

4	8	12	15	20	24	28	32	36	40

6	12	18	24	30	38	42	48	54	60

9	18	27	36	45	54	62	72	81	90

8	16	24	32	40	48	58	64	72	80

7	14	21	28	35	42	49	56	65	70

Gemischte Einmaleinsaufgaben: Auf Schatzsuche

45 In welcher Schatzkiste sind die Schätze der Piraten versteckt?

▶ **Rechne** die Aufgaben! Die Ergebniszahlen zeigen dir den Weg **zur richtigen** Schatzkiste!

▶ **Kreise** die Schatzkiste **rot ein**!

Einmaleins

Mathematik 2./3. Klasse

Lösungen

Dieser Lösungsteil ist herausnehmbar!
Klammern in der Mitte des Heftes öffnen!

1

	2 + 2 + 2 = 6
	3 · 2 = 6
	2 + 2 + 2 + 2 + 2 = 10
	5 · 2 = 10
	2 + 2 + 2 + 2 + 2 + 2 + 2 = 14
	7 · 2 = 14

2

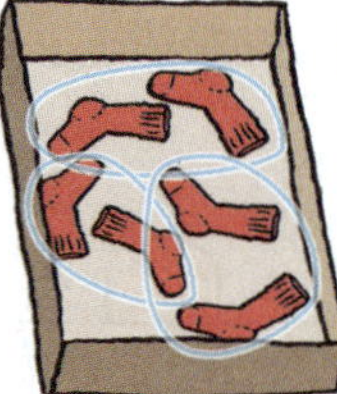

10 : 2 = 5 6 : 2 = 3 12 : 2 = 6

3

7 · 2 = 14	3 · 2 = 6	20 : 2 = 10
8 · 2 = 16	9 · 2 = 18	16 : 2 = 8

4

5

5 + 5 = 10
2 · 5 = 10

5 + 5 + 5 + 5 = 20
4 · 5 = 20

5 + 5 + 5 + 5 + 5 + 5 = 30
6 · 5 = 30

5 + 5 + 5 + 5 + 5 + 5 + 5 + 5 = 40
8 · 5 = 40

6

5 € + 5 € + 5 € + 5 € + 5 € + 5 € + 5 € = 35 €
7 · 5 € = 35 €

Säcke Kartoffeln | Preis für einen Sack Kartoffeln | Preis für 7 Säcke Kartoffeln

Antwort: Die Bäuerin bekommt 35 Euro.

7

Lösungen

8

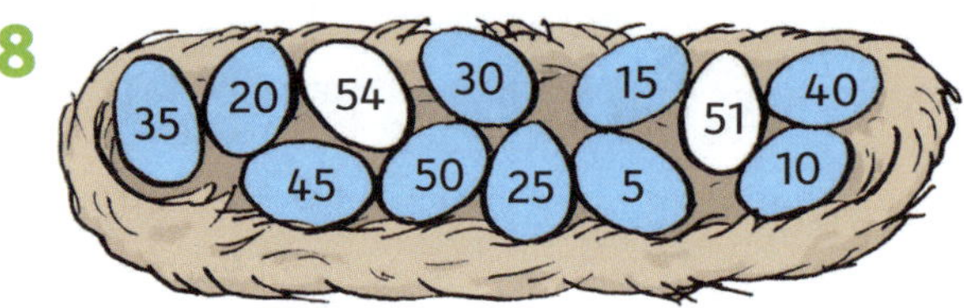

9

4 + 4 = 8
2 · 4 = 8

4 + 4 + 4 + 4 = 16
4 · 4 = 16

4 + 4 + 4 + 4 + 4 = 20
5 · 4 = 20

4 + 4 + 4 = 12
3 · 4 = 12

10

11

12

$4 \cdot 4 = 16 \rightarrow$ R

$12 : 4 = 3 \rightarrow$ E

$20 : 4 = 5 \rightarrow$ D

$36 : 4 = 9 \rightarrow$ A

$7 \cdot 4 = 28 \rightarrow$ P

$32 : 4 = 8 \rightarrow$ G

Ein

G	E	P	A	R	D
8	3	28	9	16	5

läuft 100 Kilometer in einer Stunde.

13

+ $3 + 3 = 6$

$2 \cdot 3 = 6$

+ $4 + 4 = 8$

$2 \cdot 4 = 8$

+ $6 + 6 = 12$

$2 \cdot 6 = 12$

14

4	9	2	5	6	10	20	12
8	18	4	10	12	20	40	24

15

$8 : 2 = 4$

$14 : 2 = 7$

$16 : 2 = 8$

$6 : 2 = 3$

16

12	10	20	6	14	40	80	100
6	5	10	3	7	20	40	50

17

18

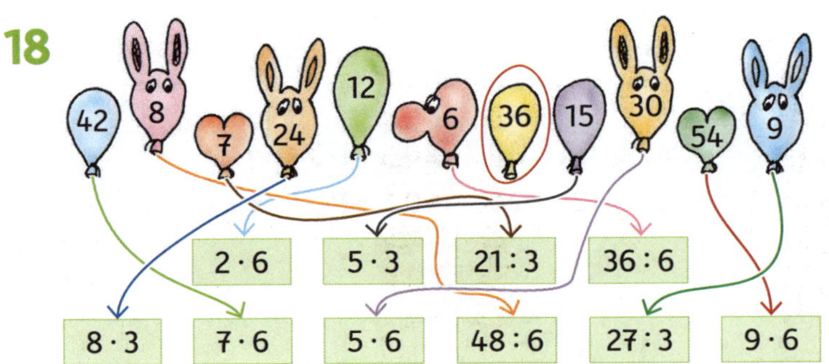

19

20

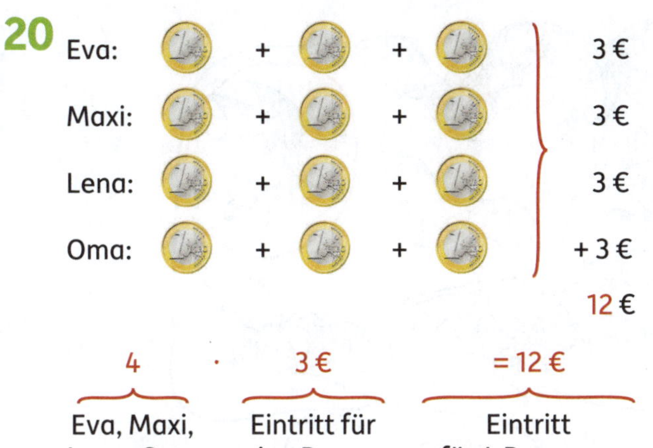

Eva: 1 € + 1 € + 1 € — 3 €

Maxi: 1 € + 1 € + 1 € — 3 €

Lena: 1 € + 1 € + 1 € — 3 €

Oma: 1 € + 1 € + 1 € — + 3 €

12 €

4	·	3 €	= 12 €
Eva, Maxi, Lena, Oma		Eintritt für eine Person	Eintritt für 4 Personen

Antwort: Die Fahrt kostet für alle zusammen 12 Euro.

21

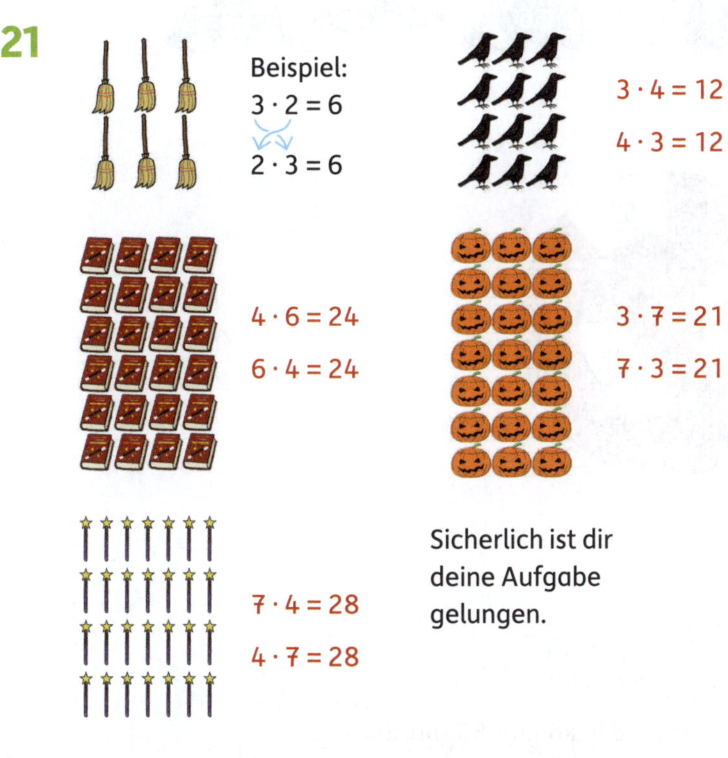

Beispiel:
$3 \cdot 2 = 6$
$2 \cdot 3 = 6$

$3 \cdot 4 = 12$
$4 \cdot 3 = 12$

$4 \cdot 6 = 24$
$6 \cdot 4 = 24$

$3 \cdot 7 = 21$
$7 \cdot 3 = 21$

$7 \cdot 4 = 28$
$4 \cdot 7 = 28$

Sicherlich ist dir deine Aufgabe gelungen.

22

23

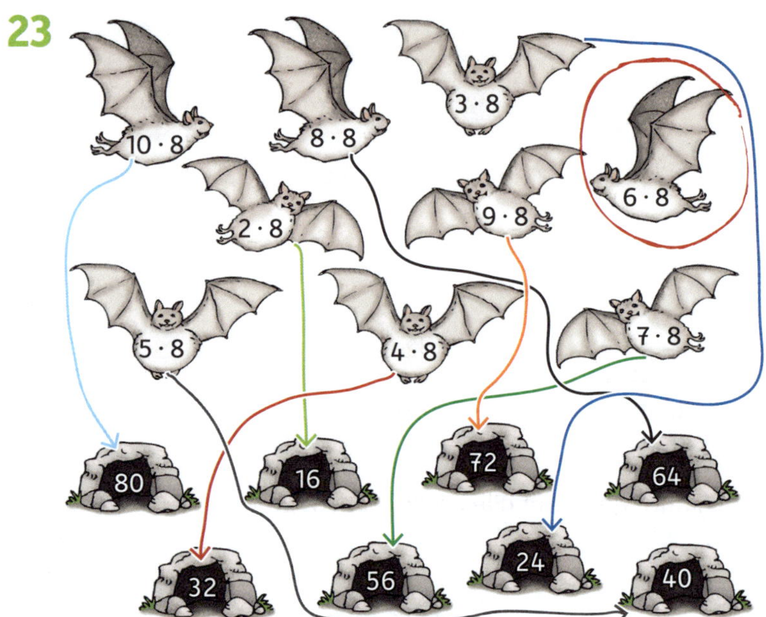

24

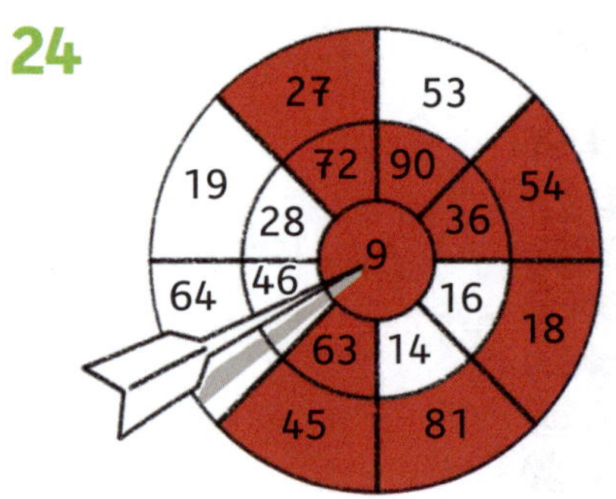

25

Antwort: Jedes Kind bekommt 5 Tennisbälle.

26

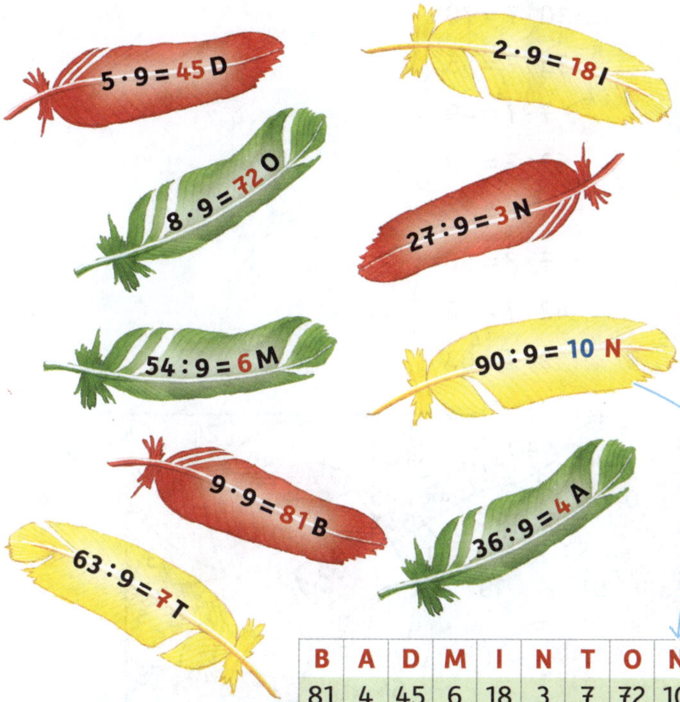
5 · 9 = 45 D
2 · 9 = 18 I
8 · 9 = 72 O
27 : 9 = 3 N
54 : 9 = 6 M
90 : 9 = 10 N
9 · 9 = 81 B
36 : 9 = 4 A
63 : 9 = 7 T

Oft werden Federbälle heute aus Kunststoff hergestellt. Es gibt sie aber tatsächlich auch mit echten Naturfedern.

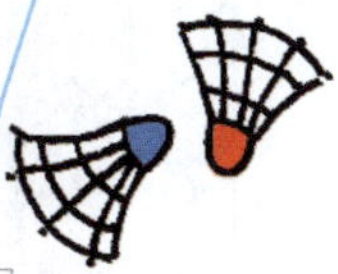

B	A	D	M	I	N	T	O	N
81	4	45	6	18	3	7	72	10

27

42
58
16
49
21
68
35
56
32
24
63
7
62
14
28
44
37
52
23
26
70

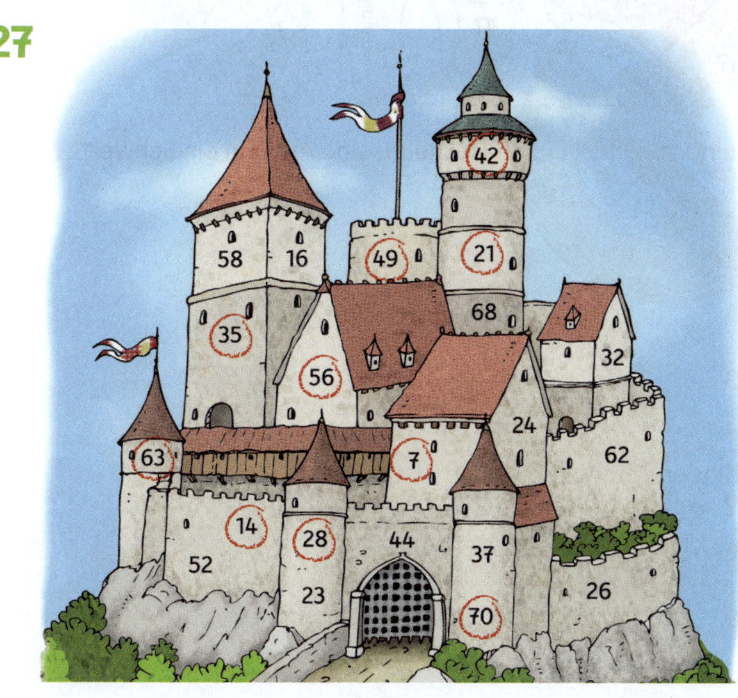

28

$3 \cdot 7 = 21$

$70 : 7 = 10$

$14 : 7 = 2$

$7 \cdot 6 = 42$

$49 : 7 = 7$

$4 \cdot 7 = 28$

$56 : 7 = 8$

$7 \cdot 5 = 35$

$10 \cdot 7 = 70$

$35 : 7 = 5$

$7 \cdot 7 = 49$

$63 : 7 = 9$

$21 : 7 = 3$

$7 \cdot 8 = 56$

$42 : 7 = 6$

$9 \cdot 7 = 63$

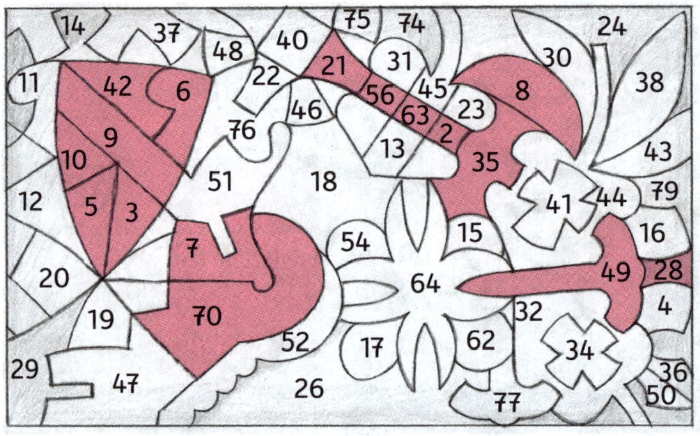

Du siehst einen Schild, einen Ritterhelm, eine Axt und ein Schwert.

29

$15 : 5 = 3$

$3 \cdot 5 = 15$

$18 : 2 = 9$

$9 \cdot 2 = 18$

$40 : 4 = 10$

$10 \cdot 4 = 40$

$81 : 9 = 9$

$9 \cdot 9 = 81$

$20 : 5 = 4$

$4 \cdot 5 = 20$

$24 : 3 = 8$

$8 \cdot 3 = 24$

$30 : 6 = 5$

$5 \cdot 6 = 30$

$56 : 7 = 8$

$8 \cdot 7 = 56$

30

8 · 3 = 24	8 · 5 = 40	9 · 4 = 36
3 · 8 = 24	5 · 8 = 40	4 · 9 = 36
24 : 3 = 8	40 : 5 = 8	36 : 4 = 9
24 : 8 = 3	40 : 8 = 5	36 : 9 = 4
8 · 6 = 48	56 : 8 = 7	72 : 8 = 9
6 · 8 = 48	56 : 7 = 8	72 : 9 = 8
48 : 6 = 8	8 · 7 = 56	8 · 9 = 72
48 : 8 = 6	7 · 8 = 56	9 · 8 = 72

31

4 · 5 = 20	5 · 5 = 25	6 · 5 = 30
6 · 7 = 42	7 · 7 = 49	8 · 7 = 56
7 · 8 = 56	8 · 8 = 64	9 · 8 = 72
5 · 6 = 30	6 · 6 = 36	7 · 6 = 42
8 · 9 = 72	9 · 9 = 81	10 · 9 = 90
9 · 10 = 90	10 · 10 = 100	11 · 10 = 110

Na, alles richtig? Wenn nicht, decke doch mit einem Papier deine Lösungen ab und rechne die Aufgaben gleich noch einmal.

32

33

Steinschleuder	1 · 1 = 1
Nacht	8 · 8 = 64
Tannenzweige	2 · 2 = 4
Siebenschläfer	7 · 7 = 49
Motorradreifen	3 · 3 = 9
Polizeirevier	4 · 4 = 16

34

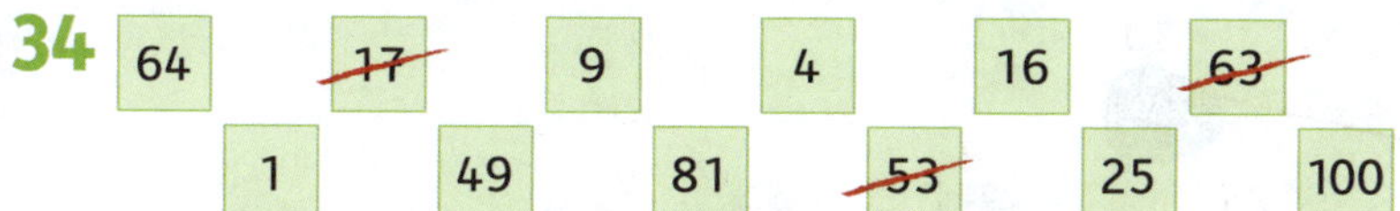

35

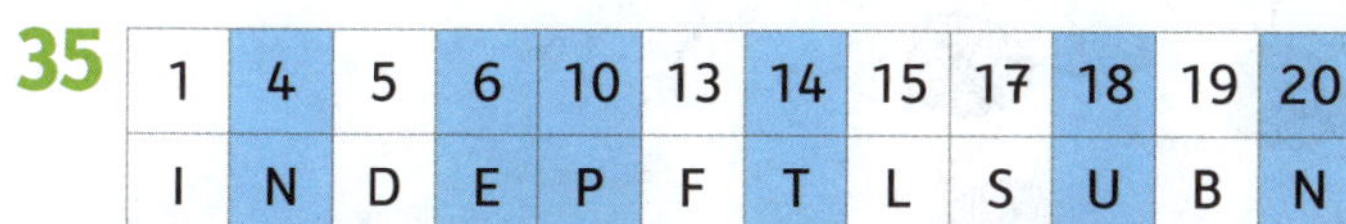

1	4	5	6	10	13	14	15	17	18	19	20
I	N	D	E	P	F	T	L	S	U	B	N

Der Planet heißt: Neptun.

3	8	11	12	16	22	26	32	34	36	40
A	M	O	E	R	F	L	K	M	U	R

Der Planet heißt: Merkur.

7	18	24	32	42	48	54	56	62	64	72
L	K	U	R	N	A	P	N	B	U	S

Der Planet heißt: Uranus.

36

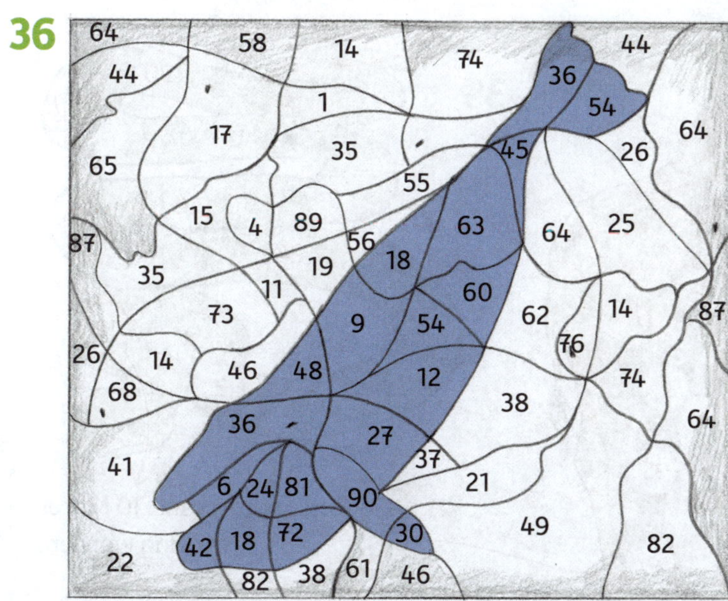

Das Tier heißt: Blauwal.

37

5 · 4 = 20
2 · 10 = 20
1 · 8 = 8
2 · 4 = 8
3 · 8 = 24
6 · 4 = 24
2 · 8 = 16
4 · 4 = 16
28 : 4 = 7
56 : 8 = 7
36 : 4 = 9
72 : 8 = 9
20 : 4 = 5
40 : 8 = 5
64 : 8 = 8
32 : 4 = 8

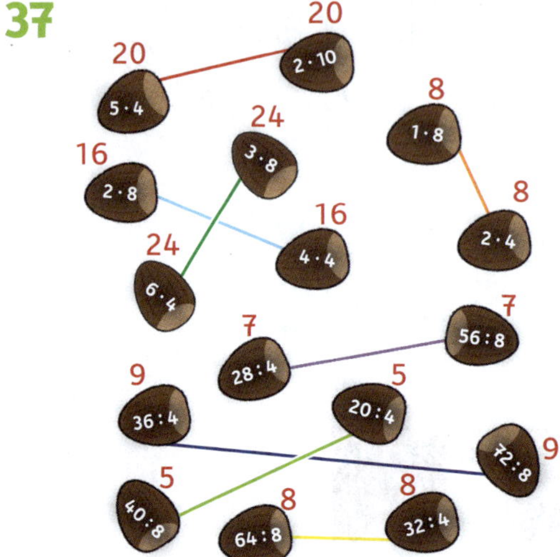

38

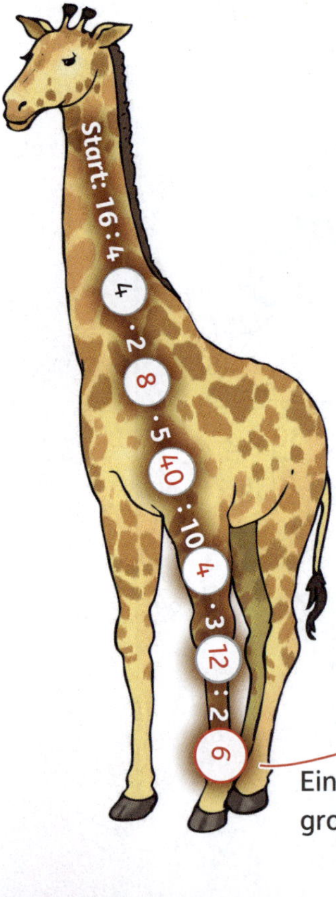

Start: 16 : 4
4
· 2
8
· 5
40
: 10
4
· 3
12
: 2
6

Eine Giraffe kann 6 Meter groß werden.

39

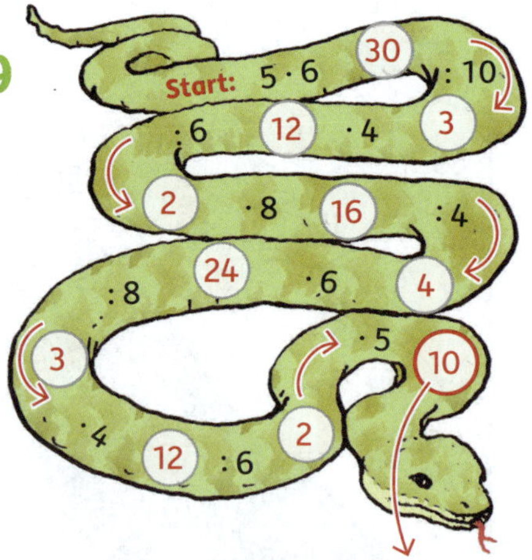

Start: 5 · 6
30
: 10
3
· 4
12
: 6
2
· 8
16
: 4
4
· 6
24
: 8
3
· 4
12
: 6
2
· 5
10

Ein Netzpython kann 10 Meter lang werden.

40

Aufgabe	Korrektur	Aufgabe	Korrektur
8 · 2 = ~~14~~	16	3 · 4 = ~~18~~	12
4 · 10 = 40	✓	4 · 4 = 16	✓
5 · 5 = ~~27~~	25	3 · 9 = 27	✓
7 · 4 = ~~32~~	28	6 · 4 = ~~30~~	24
8 · 4 = 32	✓	5 · 7 = 35	✓
9 · 6 = ~~72~~	54	6 · 8 = ~~49~~	48

41

3 · 3 = 9	36 : 9 = 4	90 : 9 = 10	8 · 6 = 48
18 : 6 = 3	3 · 5 = 15	27 : 3 = 9	9 · 8 = 72
7 · 3 = 21	30 : 6 = 5	5 · 9 = 45	54 : 6 = 9
6 · 6 = 36	7 · 6 = 42	63 : 9 = 7	9 · 9 = 81

42

5
25
20 30
35 50 15
10 (31) 45 40

6
(16)
54 36
30 42 18
12 48 60 24

7
21 14
63 (52)
42 49 35
28 56 70

8
32 24
16 56
72 80 64
40 (53) 48

9
27 18
(46) 45
90 54
81 72 63 36

43

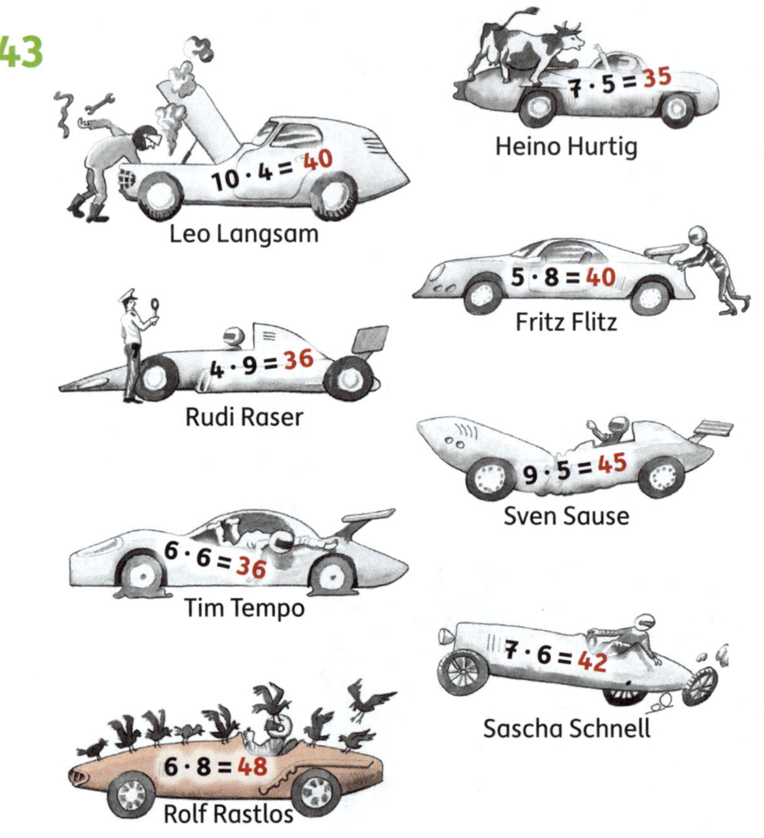

44

5	10	15	20	25	30	~~36~~	40	45	50
4	8	12	~~15~~	20	24	28	32	36	40
6	12	18	24	30	~~38~~	42	48	54	60
9	18	27	36	45	54	~~62~~	72	81	90
8	16	24	32	40	48	~~58~~	64	72	80
7	14	21	28	35	42	49	56	~~65~~	70

45

46

Solche Schiffe findet man vor der

K	Ü	S	T	E
4	5	6	7	8

F	L	O	R	I	D	A	S
9	18	20	28	36	54	56	63

.

47

3 · 1 = 3
4 · 6 = 24
7 · 3 = 21
24 : 3 = 8
6 · 7 = 42

36 : 9 = 4
6 · 9 = 54
30 : 6 = 5
3 · 9 = 27
5 · 6 = 30

36 : 6 = 6
8 · 6 = 48
7 · 9 = 63
9 · 9 = 81

Du siehst eine Rassel, eine Flöte und eine Trommel.

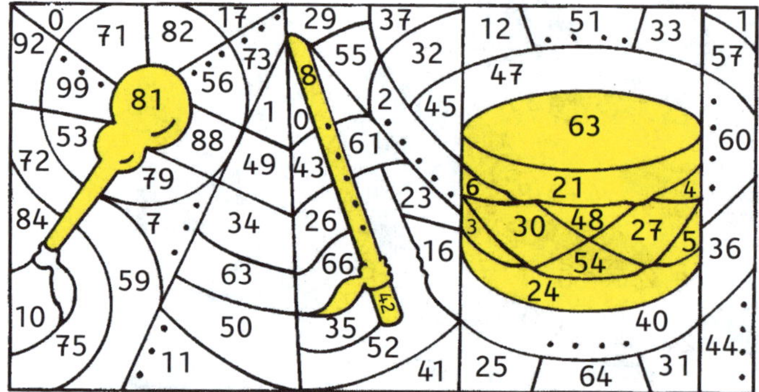

48

·	3	6	9
1	3		
2		12	18
3		18	
4	12	24	36
5			
6	18	36	54
7			
8	24	48	72
9		54	

50

16

2 · 8
8 · 2
4 · 4

12

4 · 3
3 · 4
2 · 6
6 · 2

42

7 · 6
6 · 7

24

4 · 6
6 · 4
3 · 8
8 · 3

36

6 · 6
4 · 9
9 · 4

51

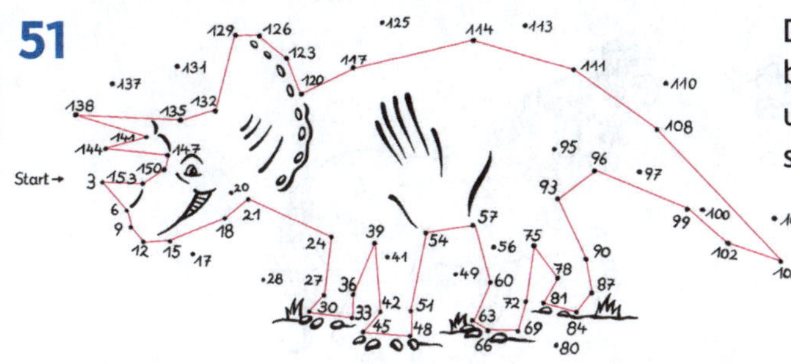

Der **Triceratops** wurde bis zu 9 Meter lang und bis 10 Tonnen schwer. Er hatte also ungefähr die Größe und das Gewicht eines Lastwagens.

52

14		18		32		35
2 · 7	<	3 · 6		8 · 4	<	7 · 5
20		18		49		48
5 · 4	>	9 · 2		7 · 7	>	6 · 8
24		24		64		63
3 · 8	=	4 · 6		8 · 8	>	9 · 7
30		32		42		45
6 · 5	<	4 · 8		7 · 6	<	9 · 5
28		40		54		56
4 · 7	<	5 · 8		6 · 9	<	8 · 7
36		36		72		70
6 · 6	=	9 · 4		9 · 8	>	10 · 7

53

24
6 4

6 · 4 = 24
4 · 6 = 24
24 : 6 = 4
24 : 4 = 6

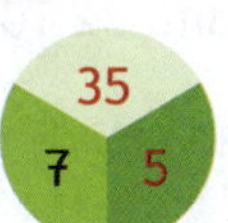

7 · 5 = 35
5 · 7 = 35
35 : 7 = 5
35 : 5 = 7

6 · 8 = 48
8 · 6 = 48
48 : 6 = 8
48 : 8 = 6

7 · 9 = 63
9 · 7 = 63
63 : 9 = 7
63 : 7 = 9

54

55

8 · 4 = 32

Farben · Tücher = Tücher in allen Farben

Antwort: Frido besitzt insgesamt 32 Tücher.

56

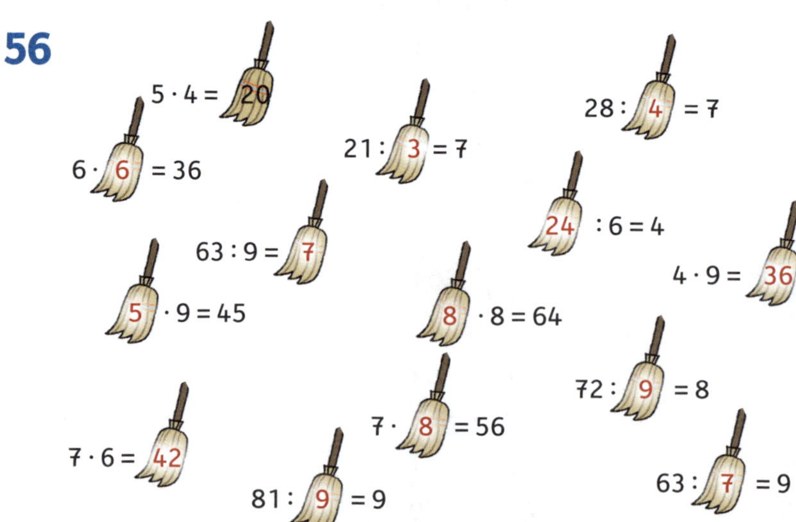

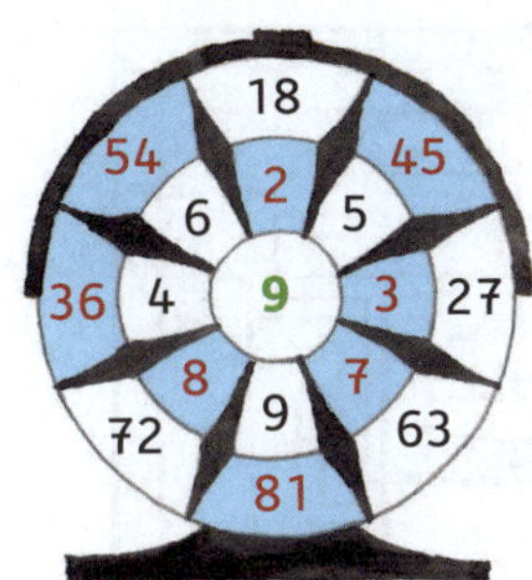

58

5 · 6 = 30	48 : 6 = 8
12 : 6 = 2	30 : 6 = 5
10 · 6 = 60	6 · 6 = 36
3 · 6 = 18	6 · 9 = 54
24 : 6 = 4	7 · 6 = 42

59

2 · 5 = 10	20 : 4 = 5
7 · 9 = 63	18 : 3 = 6
9 · 3 = 27	30 : 6 = 5
4 · 4 = 16	50 : 5 = 10
5 · 7 = 35	16 : 4 = 4
8 · 3 = 24	27 : 9 = 3
6 · 4 = 24	45 : 5 = 9
5 · 9 = 45	64 : 8 = 8
6 · 5 = 30	24 : 3 = 8
7 · 8 = 56	56 : 8 = 7
8 · 6 = 48	49 : 7 = 7
7 · 3 = 21	81 : 9 = 9

Wie lange hast du gerechnet?	
3 Minuten	Sehr gut!
6 Minuten	Sehr gut, wenn du in der 2. Klasse bist! Gut, wenn du in der 3. Klasse bist!
9 Minuten	Gut, wenn du in der 2. Klasse bist! Übe noch mehr, wenn du in der 3. Klasse bist!
Mehr als 9 Minuten	Übe noch mehr!

60

61

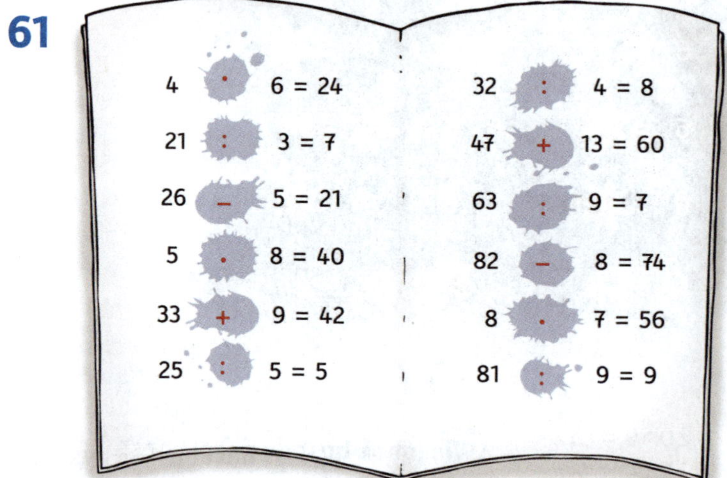

62

Ein Puma kann 6 Meter hoch springen. 6 Meter sind ungefähr so hoch wie ein 2-stöckiges Haus.

63 1. Schritt:

3	·	9 €	= 27 €
Fische		Preis für einen Fisch	Preis für 3 Fische

2. Schritt:
42 € – 27 € = 15 €

Dies ist eine Möglichkeit, **sich die Rechnung besser vorstellen zu können**. Am besten rechnest du immer so, wie du es in der Schule gelernt hast!

Zehner (Z)	Einer (E)	42 € – 27 € = 15 €
		42 Von diesen 2 Einern – 27 kannst du diese 7 Einer nicht abziehen. Es geht nicht.
		Weil du 7 Einer nicht von 2 Einern abziehen kannst, musst du 1 Zehner in 10 Einer umtauschen (wechseln).
		Jetzt hast du 12 Einer und nur noch 3 Zehner. Nun kannst du rechnen: 12 E – 7 E = 5 E 3 Z – 2 Z = 1 Z
		Es bleiben also 1 Zehner und 5 Einer übrig.

Antwort: Lea bleiben 15 € übrig.

64

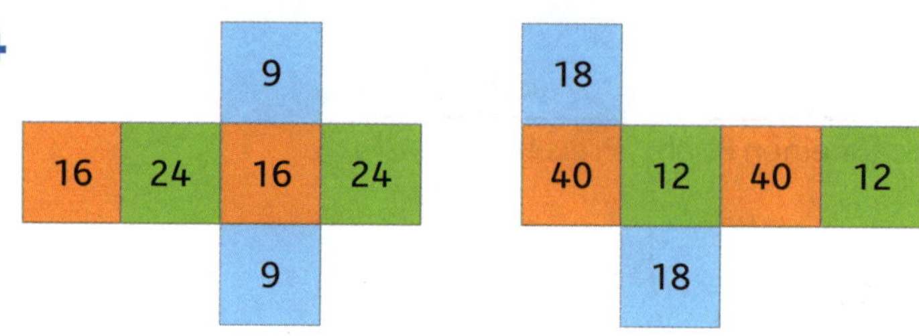

65

:6	
18	3
30	5
48	8
36	6
54	9
42	7

:8	
24	3
48	6
32	4
72	9
56	7
64	8

:9	
18	2
36	4
54	6
45	5
81	9
63	7

:7	
28	4
42	6
49	7
35	5
63	9
56	8

Wie lange hast du gerechnet?	
4 Minuten	Sehr gut!
7 Minuten	Sehr gut, wenn du in der 2. Klasse bist! Gut, wenn du in der 3. Klasse bist!
10 Minuten	Gut, wenn du in der 2. Klasse bist! Übe noch mehr, wenn du in der 3. Klasse bist!
Mehr als 10 Minuten	Übe noch mehr!

66

8 · 2 + 3 = 19 A
3 · 6 + 2 = 20 H
25 : 5 + 4 = 9 N
10 · 6 + 10 = 70 L
6 · 4 + 7 = 31 T
9 · 3 + 5 = 32 R
36 : 6 + 6 = 12 E
32 : 4 + 14 = 22 U
8 · 6 + 7 = 55 R
5 · 9 + 8 = 53 M
56 : 8 + 14 = 21 U
9 · 9 + 11 = 92 T
Der Schatz ist in der
A L T E N
19 70 31 12 9
T U R M U H R
92 22 55 53 21 20 32
versteckt.

67

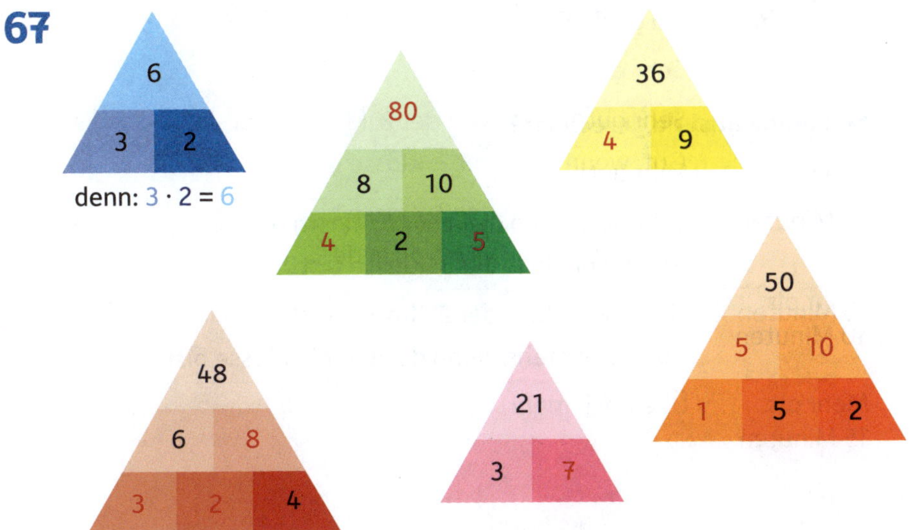
6
3 2
denn: 3 · 2 = 6
80
8 10
4 2 5
36
4 9
50
5 10
1 5 2
48
6 8
3 2 4
21
3 7

68

$5 \cdot 2 = 10$
$10 \cdot 2 = 20$
$9 \cdot 2 = 18$
$7 \cdot 2 = 14$
$5 \cdot 5 = 25$
$3 \cdot 5 = 15$
$6 \cdot 5 = 30$
$8 \cdot 5 = 40$
$7 \cdot 5 = 35$
$3 \cdot 8 = 24$
$0 \cdot 8 = 0$
$4 \cdot 8 = 32$
$9 \cdot 8 = 72$
$6 \cdot 8 = 48$
$8 \cdot 8 = 64$

$2 \cdot 3 = 6$
$6 \cdot 3 = 18$
$7 \cdot 3 = 21$
$8 \cdot 3 = 24$
$6 \cdot 6 = 36$
$4 \cdot 6 = 24$
$5 \cdot 6 = 30$
$9 \cdot 6 = 54$
$8 \cdot 6 = 48$
$2 \cdot 9 = 18$
$4 \cdot 9 = 36$
$6 \cdot 9 = 54$
$5 \cdot 9 = 45$
$7 \cdot 9 = 63$
$9 \cdot 9 = 81$

$5 \cdot 4 = 20$
$4 \cdot 4 = 16$
$9 \cdot 4 = 36$
$6 \cdot 4 = 24$
$5 \cdot 7 = 35$
$3 \cdot 7 = 21$
$6 \cdot 7 = 42$
$9 \cdot 7 = 63$
$7 \cdot 7 = 49$
$3 \cdot 10 = 30$
$5 \cdot 10 = 50$
$10 \cdot 10 = 100$
$8 \cdot 10 = 80$
$6 \cdot 10 = 60$
$9 \cdot 10 = 90$

Wie lange hast du gerechnet?	
6 Minuten	Sehr gut!
10 Minuten	Sehr gut, wenn du in der 2. Klasse bist! Gut, wenn du in der 3. Klasse bist!
15 Minuten	Gut, wenn du in der 2. Klasse bist! Übe noch mehr, wenn du in der 3. Klasse bist!
Mehr als 15 Minuten	Übe noch mehr!

69

70

4	12	24	30	50	25	19	48	27
8	24	48	60	100	50	38	96	54

71

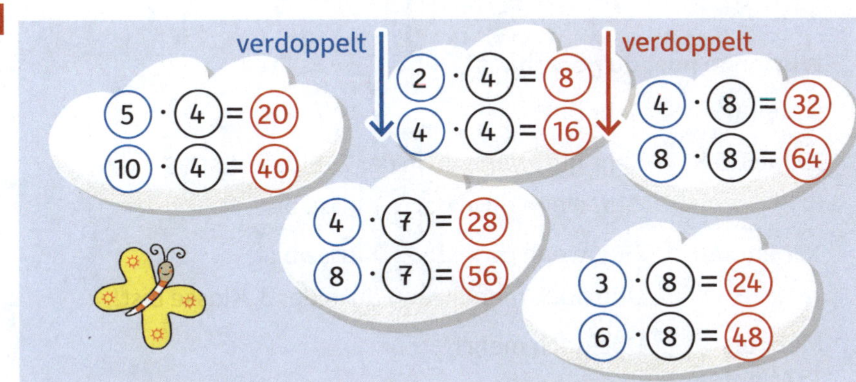

72 Wenn du eine **Zahl** mit dem **Doppelten** malnimmst, verdoppelt sich auch das **Ergebnis** .

73

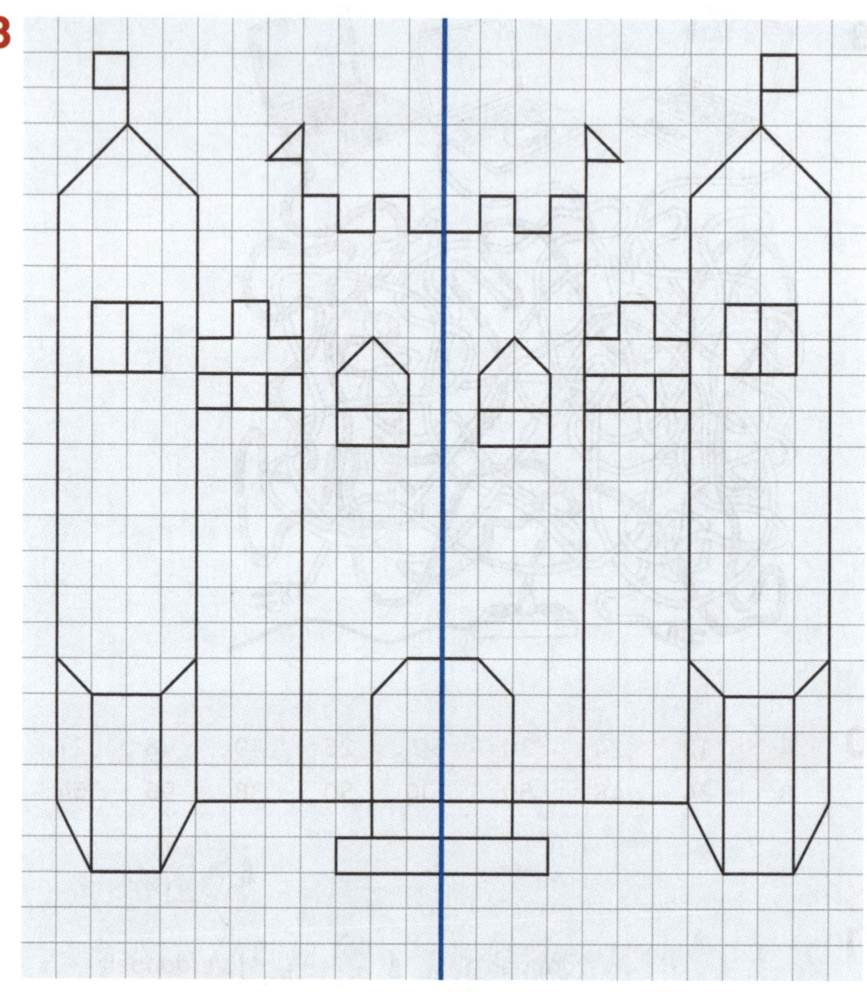

74

4 · 5 − 3 = 17	5 · 6 − 11 = 19
3 · 8 − 4 = 20	7 · 7 − 11 = 38
7 · 4 − 6 = 22	9 · 6 − 6 = 48
5 · 8 − 5 = 35	8 · 4 − 7 = 25
6 · 3 − 8 = 10	7 · 9 − 6 = 57
3 · 9 − 8 = 19	8 · 8 − 9 = 55
4 · 7 − 9 = 19	7 · 8 − 11 = 45

75

5 · 3 = 15	7 · 3 + 5 = 26
6 · 6 = 36	4 · 9 + 4 = 40
27 : 3 = 9	3 · 8 + 7 = 31
24 : 4 = 6	5 · 5 + 9 = 34
5 · 6 = 30	7 · 9 + 4 = 67
64 : 8 = 8	9 · 5 + 8 = 53
7 · 9 = 63	8 · 6 + 7 = 55

76

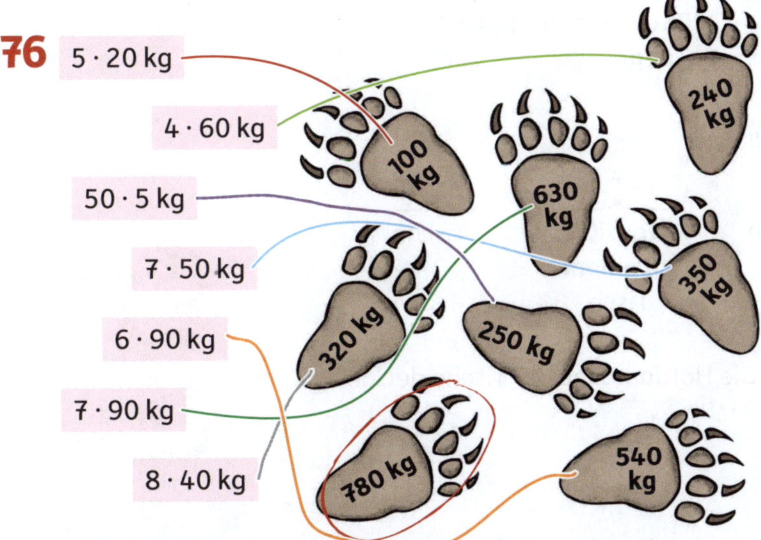

Der Kodiakbär kann 780 Kilogramm schwer werden.

77 **1. Schritt:**

4 + 4 + 4 + 4 + 4 + 4 + 4 + 4 = 32

8	·	4	= 32
Affen		Bananen für einen Affen	Bananen für 8 Affen

2. Schritt:

40	–	32	= 8
Bananen in der Kiste		Bananen für 8 Affen	Bananen bleiben übrig

Antwort: Es sind noch 8 Bananen in der Kiste.

78 **1. Schritt:**

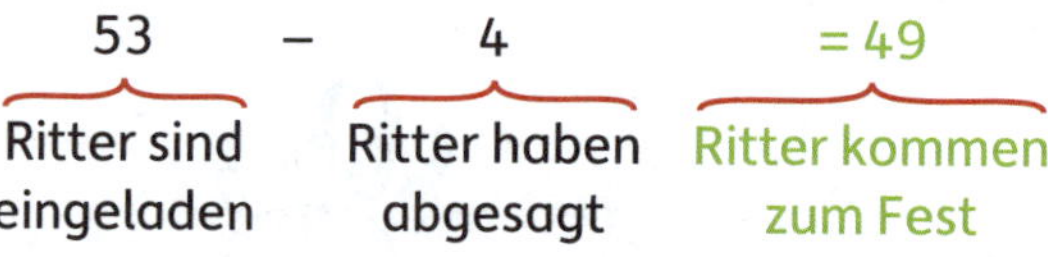

53	–	4	= 49
Ritter sind eingeladen		Ritter haben abgesagt	Ritter kommen zum Fest

2. Schritt:

49	:	7	= 7
Ritter, die da sind		Ritter sitzen an **einem** Tisch	Tische

Antwort: Die Hofdame muss 7 Tische decken.

79

80

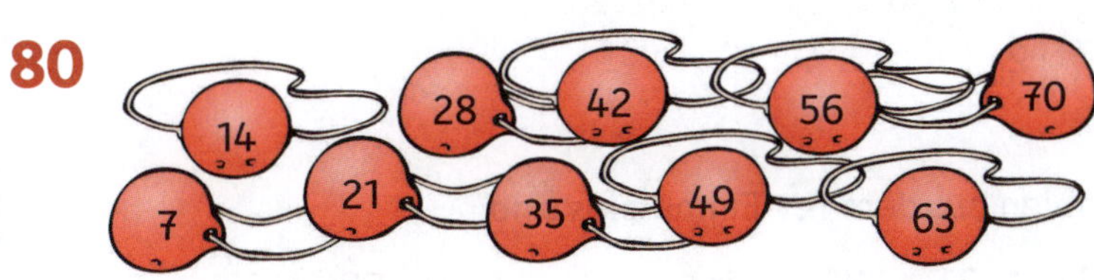

81

82

83

1. Rechnung: 20 : 2 = 10 ⟶ 10 : 5 = 2

☒ richtig ◯ falsch

2. Die Zahlen zwischen 30 und 40 sind:

30 31 (32) 33 34 35 (36) 37 38 39 (40)

Die rot eingekreisten Zahlen sind durch (4) teilbar.

Die blau eingekreisten Zahlen sind durch (9) teilbar.

Die Zahl (36) ist durch 4 und 9 teilbar.

(36 : 4 = 9, 36 : 9 = 4)

3.

14 ⟶ (: 2) ⟶ 7 ⟶ (– 4) ⟶ 3

14 ⟵ (· 2) ⟵ 7 ⟵ (+ 4) ⟵ 3

4. Die Zahlen aus dem 7er-Einmaleins sind:

7 14 21 28 35 42 49 56 63 70

Die Zahlen aus dem 8er-Einmaleins sind:

8 16 24 32 40 48 56 64 72 80

Nur die Zahl 56 gehört zum 7er-Einmaleins und zum 8er-Einmaleins **und** ist größer als 55 und kleiner als 65.

84

23 = 3 · 7 + 2	41 = 6 · 7 – 1	20 = 2 · 9 + 2	68 = 7 · 9 + 5
18 = 2 · 7 + 4	65 = 9 · 7 + 2	48 = 5 · 9 + 3	71 = 8 · 9 – 1
30 = 5 · 7 – 5	54 = 8 · 7 – 2	39 = 5 · 9 – 6	87 = 9 · 9 + 6
45 = 6 · 7 + 3	62 = 9 · 7 – 1	56 = 6 · 9 + 2	71 = 7 · 9 + 8

46 Vor langer Zeit sind viele Schiffe, die mit Gold und Edelsteinen beladen waren, gesunken. Einige davon liegen noch heute auf dem Meeresgrund. Möchtest du wissen, an welchem Ort man solche Schiffe finden kann?

- **Rechne** die Aufgaben!
- **Setze** die passenden Buchstaben in die Kästchen unten **ein**!

So sahen die Schiffe früher einmal aus:

Die Wracks solcher Schiffe findet man vor der

4	**5**	**6**	**7**	**8**

		O					
9	**18**	**20**	**28**	**36**	**54**	**56**	**63**

.

Einmaleins mit 3, 6 und 9: Instrumente

47 Möchtest du wissen, mit welchen Instrumenten die Ureinwohner Amerikas Musik gemacht haben?

- **Rechne** die Aufgaben!
- **Male** die Felder mit den richtigen Ergebniszahlen **gelb an**!

3 · 1 = 3	36 : 9 = ___	36 : 6 = ___
4 · 6 = ___	6 · 9 = ___	8 · 6 = ___
7 · 3 = ___	30 : 6 = ___	7 · 9 = ___
24 : 3 = ___	3 · 9 = ___	9 · 9 = ___
6 · 7 = ___	5 · 6 = ___	

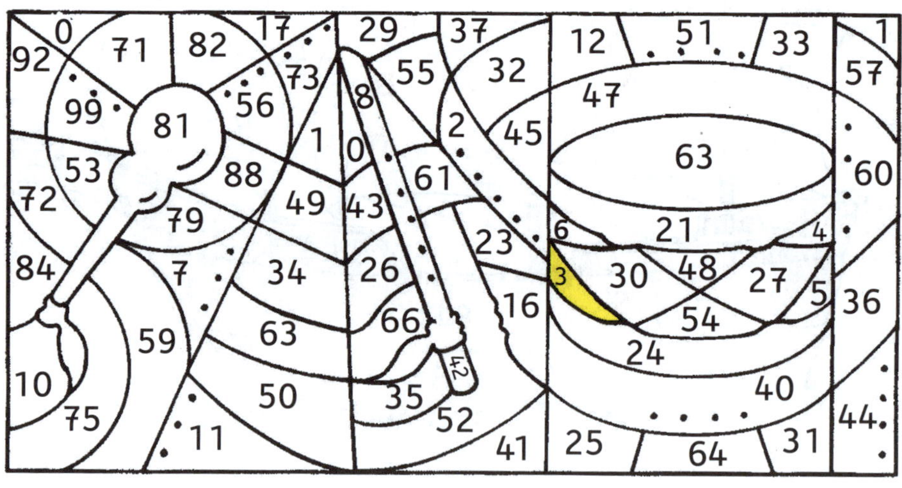

- Welche 3 Instrumente siehst du?

____

Einmaleins mit 3, 6 und 9: Für Rechenkönige

48 **Löse** die Aufgaben! Wenn du alle Aufgaben richtig hast, bekommst du eine Rechenkrone! **Male** sie auf der vorletzten Seite **aus**!

Welche Zahlen sind Zahlen aus dem **3er-, 6er- oder 9er-Einmaleins?**

- **Kreise** alle Zahlen aus dem **3er-Einmaleins** (bis 30) **rot**, alle Zahlen aus dem **6er-Einmaleins** (bis 60) **grün** und alle Zahlen aus dem **9er-Einmaleins** (bis 90) **blau ein**!
Tipp: Manche Zahlen werden mit mehreren Farben eingekreist, manche bekommen keinen Kreis.

34 18 72 52 26 76 48 12 24 54 3 11 36 62

- **Schreibe** nun **alle oben eingekreisten Zahlen** in die richtigen Kästchen!

·	3	6	9
1	3		
2			
3			
4			
5			
6			
7			
8			
9			

Kleine Pause: Mandala

49 Du darfst nun zur Entspannung ein Mandala ausmalen. Beginne am besten in der Mitte!

Quellennachweis:
Aus: Therese Neumann: Kinder-Mini-Mandalas. Ein Malbuch. S. 1, ISBN 978-3-930944-35-4
Schirner Verlag, Darmstadt 1999, www.schirner.com

Aufgaben zum Ergebnis finden: Im Zoo

50 Findest du **alle** Malaufgaben aus dem **kleinen** Einmaleins, die zu dem Ergebnis in dem Tier darüber passen?

▶ **Schreibe** sie **auf**!

Einmaleins mit 3: Ein Tier aus Urzeiten

51 Möchtest du wissen, welches Tier vor 65 Millionen Jahren auf der Erde gelebt hat?

- **Verbinde** die Zahlen aus dem **3er-Einmaleins** (3-6-9 ...) miteinander!
- **Achtung**: Nicht alle Zahlen gehören dazu!

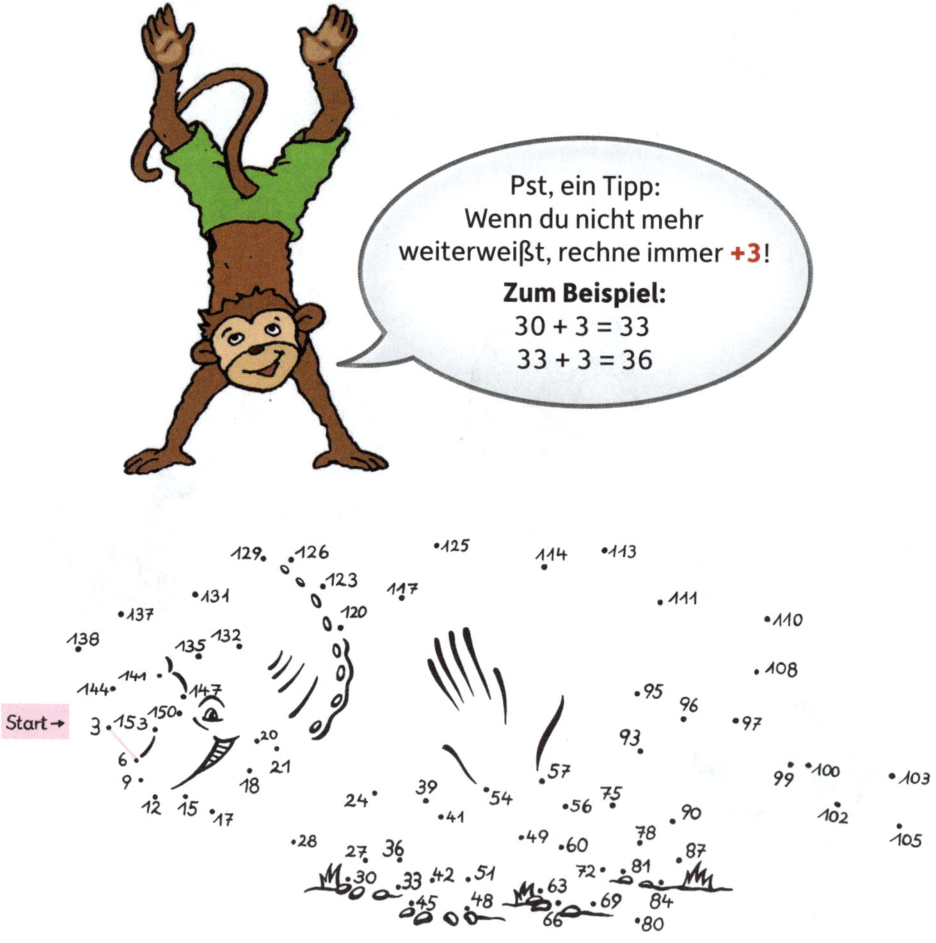

Vergleichen: Krokodilsaufgaben

52 ▸ **Setze** zwischen die Aufgabenpaare das Größer-(>), Kleiner-(<) oder Gleichheits-(=) Zeichen **ein**!

Tipp: Wenn du gar nicht weiterkommst, rechne zuerst die Aufgaben und schreibe die Ergebnisse darüber!

$2 \cdot 7$	(<)	$3 \cdot 6$	$8 \cdot 4$	( )	$7 \cdot 5$
$5 \cdot 4$	( )	$9 \cdot 2$	$7 \cdot 7$	( )	$6 \cdot 8$
$3 \cdot 8$	( )	$4 \cdot 6$	$8 \cdot 8$	( )	$9 \cdot 7$
$6 \cdot 5$	( )	$4 \cdot 8$	$7 \cdot 6$	( )	$9 \cdot 5$
$4 \cdot 7$	( )	$5 \cdot 8$	$6 \cdot 9$	( )	$8 \cdot 7$
$6 \cdot 6$	( )	$9 \cdot 4$	$9 \cdot 8$	( )	$10 \cdot 7$

Aufgabenfamilie: Familie Mathematikus

53 ▸ **Finde** die drei Zahlen, die zur Aufgabenfamilie dazugehören, und **ergänze** die Rechnungen!

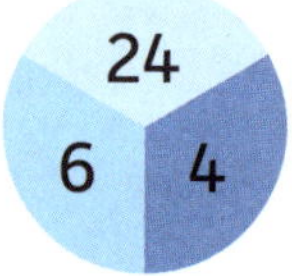

6 · 4 = 24

___ · 6 = ___

___ : 6 = ___

___ : 4 = ___

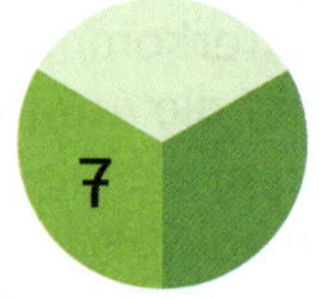

7 · ___ = ___

___ · ___ = ___

___ : ___ = 5

___ : ___ = ___

___ · 8 = ___

8 · ___ = ___

___ : 6 = ___

___ : ___ = ___

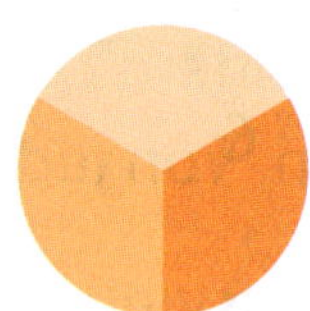

___ · ___ = 63

___ · ___ = ___

___ : 9 = ___

___ : ___ = ___

Platzhalteraufgaben: Im Zirkus

54 ▸ **Rechne** die Aufgaben auf den Zirkustieren!

55 Frido hat in seinem Zauberkoffer Tücher in 8 verschiedenen Farben. Von jeder Farbe hat er 4 Tücher.

Frage: Wie viele Tücher hat er insgesamt?

Rechnung: ______________________________

Antwort: ______________________________

____

Platzhalteraufgaben: Die kleine Hexe

56 Oh Schreck! Die kleine Hexe Lilli hat mal wieder falsch gehext! Da sind doch jetzt wirklich einige Zahlen verschwunden. Jetzt muss Lilli rechnen. Hilfst du ihr?

▶ **Schreibe** die fehlenden Zahlen in die Hexenbesen!

5 · 4 = 20

28 : ___ = 7

21 : ___ = 7

6 · ___ = 36

___ : 6 = 4

63 : 9 = ___

4 · 9 = ___

___ · 9 = 45

___ · 8 = 64

72 : ___ = 8

7 · ___ = 56

7 · 6 = ___

63 : ___ = 9

81 : ___ = 9

57 Welche Zahlen fehlen in den Glücksrädern?

▶ **Ergänze** die Zahlen!

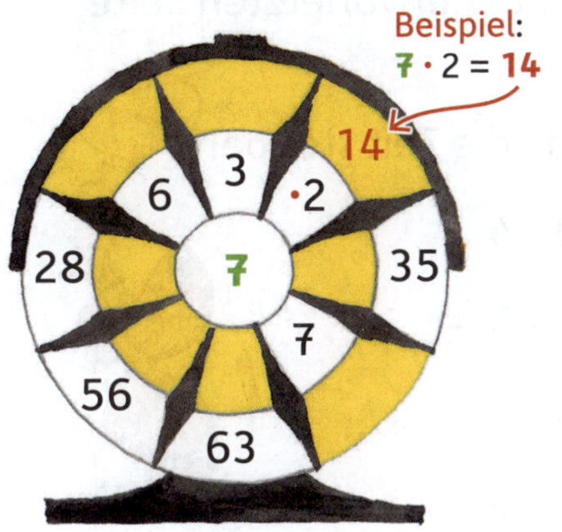

58 Welche Zahlen verstecken sich hinter den Sternen?

▶ **Finde** die fehlenden Zahlen!

5 · 6 = 30

★ : 6 = 2

10 · 6 = ★

3 · 6 = ★

★ : 6 = 4

48 : ★ = 8

30 : 6 = ★

6 · ★ = 36

6 · 9 = ★

★ · 6 = 42

Gemischte Einmaleinsaufgaben: Für Rechenkönige

59 ▸ **Löse** die Aufgaben! Wenn du alle richtig gerechnet hast, darfst du eine Rechenkrone auf der vorletzten Seite ausmalen!

▸ Wenn du möchtest, kannst du die Zeit stoppen.

$2 \cdot 5 =$ ____	$20 : 4 =$ ____
$7 \cdot 9 =$ ____	$18 : 3 =$ ____
$9 \cdot 3 =$ ____	$30 : 6 =$ ____
$4 \cdot 4 =$ ____	$50 : 5 =$ ____
$5 \cdot 7 =$ ____	$16 : 4 =$ ____
$8 \cdot 3 =$ ____	$27 : 9 =$ ____
$6 \cdot 4 =$ ____	$45 : 5 =$ ____
$5 \cdot 9 =$ ____	$64 : 8 =$ ____
$6 \cdot 5 =$ ____	$24 : 3 =$ ____
$7 \cdot 8 =$ ____	$56 : 8 =$ ____
$8 \cdot 6 =$ ____	$49 : 7 =$ ____
$7 \cdot 3 =$ ____	$81 : 9 =$ ____

Ich habe ________ Minuten gerechnet!

Kleine Pause: Im Labyrinth

60 Wie kommt Lukas wieder zu seinen Freunden? Hilfst du ihm, den Ausgang aus dem Labyrinth zu finden?

▶ **Zeichne** den Weg aus dem Labyrinth mit deiner Lieblingsfarbe **ein**!

Rechenzeichen einsetzen: Oh je!

61 Hier waren Schmierfinken am Werk.
Findest du die fehlenden Rechenzeichen (·, :, +, –)?

▸ **Schreibe** sie mit rotem Stift auf die Tintenkleckse!

4		6 = 24	32		4 = 8
21		3 = 7	47		13 = 60
26		5 = 21	63		9 = 7
5		8 = 40	82		8 = 74
33		9 = 42	8		7 = 56
25		5 = 5	81		9 = 9

Gemischte Einmaleinsaufgaben: Der Puma

62 Der Puma ist eine Raubkatze, die 2 Meter lang und 150 Kilogramm schwer werden kann. Wenn ein Puma aus einer Höhe von 18 Metern springt, verletzt er sich eigentlich nicht. Möchtest du wissen, wie hoch ein Puma vom Boden aus springen kann?

▶ **Rechne** die Kettenrechnung! Schreibe die Zwischenergebnisse in die Kästchen! Die Zahl im roten Kästchen verrät dir, wie hoch der Puma springen kann.

Ein Puma kann _______ Meter hoch springen.

Sach- und Knobelaufgaben: Im Tiergeschäft

63 Lea möchte im Tiergeschäft 3 Fische kaufen.
Ein Fisch kostet 9 €. Lea hat 42 € gespart.

Frage: Wie viel Geld bleibt Lea übrig?

Rechnung: 1. Schritt: ____________________

2. Schritt: ____________________

Antwort: ____________________

____

64 Hier entstehen bunte Würfel als Boxen für Tierfutter.

▸ **Male** die Flächen so **an**, dass die gegenüberliegenden Seiten jeweils die gleiche Farbe haben!
Prüfe: Sie haben immer das gleiche Ergebnis!

		1 · 9	
4 · 4	3 · 8	8 · 2	4 · 6
		3 · 3	

6 · 3			
8 · 5	2 · 6	5 · 8	3 · 4
	9 · 2		

Gemischte Einmaleinsaufgaben: Rechen-Fitness

Werde fit im Rechnen! Denn: Übung macht den Meister! Wenn du Lust hast, kannst du die Zeit stoppen. Auf die Plätze! Fertig! Los!

65 ▸ **Rechne** so schnell du kannst!

: 6	
18	3
30	
48	
36	
	9
	7

: 8	
24	
	6
32	
	9
	7
64	

: 9	
18	
	4
54	
	5
81	
	7

: 7	
	4
	6
49	
	5
63	
56	

Ich habe ________ Minuten gebraucht!

Mehrschrittige Aufgaben: Flaschenpost

66 Findest du den Schatz auf der Burg Höllenstein? In der Flaschenpost haben die Piraten eine verschlüsselte Botschaft hinterlassen. Nur sie verrät, wo der Schatz genau versteckt ist.

- ▶ **Rechne** die Aufgaben der Flaschenpost!
- ▶ **Setze** die Buchstaben hinter den Aufgaben richtig **ein**!

Platzhalteraufgaben: Zauberhüte

67 Findest du die fehlenden Zahlen in den Zauberhüten?

▶ **Ergänze** sie!

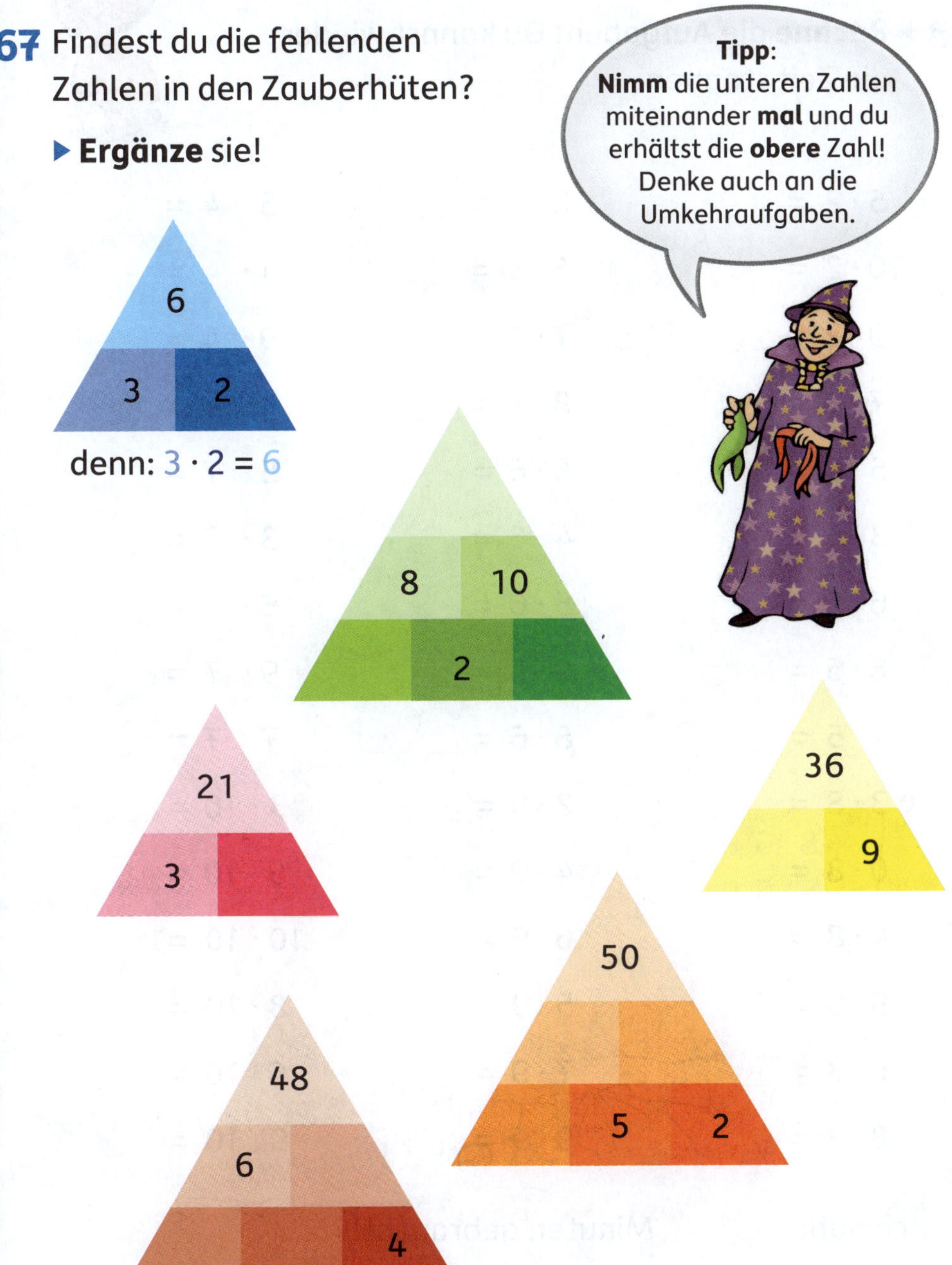

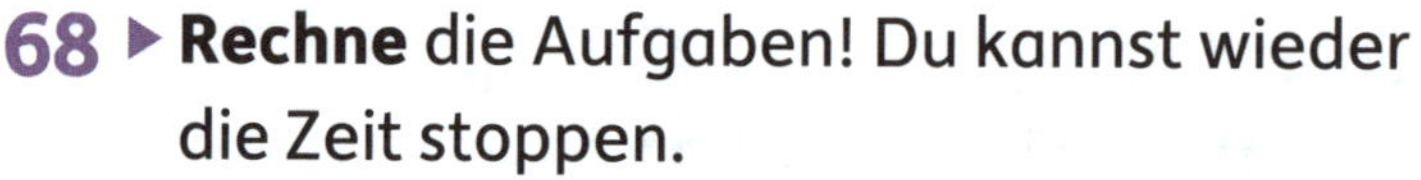

Gemischte Aufgaben: Für Rechenkönige

68 ▸ **Rechne** die Aufgaben! Du kannst wieder die Zeit stoppen.

$5 \cdot 2 =$ ____	$2 \cdot 3 =$ ____	$5 \cdot 4 =$ ____
$10 \cdot 2 =$ ____	$6 \cdot 3 =$ ____	$4 \cdot 4 =$ ____
$9 \cdot 2 =$ ____	$7 \cdot 3 =$ ____	$9 \cdot 4 =$ ____
$7 \cdot 2 =$ ____	$8 \cdot 3 =$ ____	$6 \cdot 4 =$ ____
$5 \cdot 5 =$ ____	$6 \cdot 6 =$ ____	$5 \cdot 7 =$ ____
$3 \cdot 5 =$ ____	$4 \cdot 6 =$ ____	$3 \cdot 7 =$ ____
$6 \cdot 5 =$ ____	$5 \cdot 6 =$ ____	$6 \cdot 7 =$ ____
$8 \cdot 5 =$ ____	$9 \cdot 6 =$ ____	$9 \cdot 7 =$ ____
$7 \cdot 5 =$ ____	$8 \cdot 6 =$ ____	$7 \cdot 7 =$ ____
$3 \cdot 8 =$ ____	$2 \cdot 9 =$ ____	$3 \cdot 10 =$ ____
$0 \cdot 8 =$ ____	$4 \cdot 9 =$ ____	$5 \cdot 10 =$ ____
$4 \cdot 8 =$ ____	$6 \cdot 9 =$ ____	$10 \cdot 10 =$ ____
$9 \cdot 8 =$ ____	$5 \cdot 9 =$ ____	$8 \cdot 10 =$ ____
$6 \cdot 8 =$ ____	$7 \cdot 9 =$ ____	$6 \cdot 10 =$ ____
$8 \cdot 8 =$ ____	$9 \cdot 9 =$ ____	$9 \cdot 10 =$ ____

Ich habe ________ Minuten gebraucht!

Kleine Pause: Im Computergeschäft

69 Welcher Laptop ist angeschlossen?

▶ **Male** ihn **an**!

Verdoppeln: Denke schlau!

70 ▶ Kannst du noch **verdoppeln**?

4	12	24	30	50	25	19	48	27
8								

71 ▶ **Rechne** die Aufgaben!

5 · 4 = ◯
10 · 4 = ◯

2 · 4 = ◯
4 · 4 = ◯

4 · 8 = ◯
8 · 8 = ◯

4 · 7 = ◯
8 · 7 = ◯

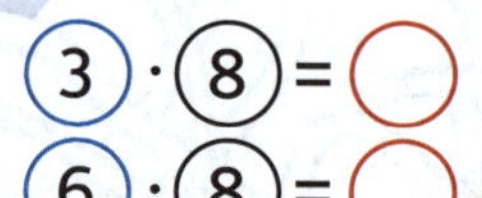

3 · 8 = ◯
6 · 8 = ◯

Schau dir die Zahlen in den blauen und roten Kreisen genau an!

72 Bei Aufgabe **71** wird auch verdoppelt! Schau die blauen und roten Kreise in einer Wolke genau an!

▶ Ergänze den Merksatz richtig!

Wenn du eine **Zahl** mit dem **Doppelten** malnimmst, verdoppelt sich auch das ______________________.

73 ▸ **Ergänze** die fehlende Hälfte! Du kannst einen Spiegel zu Hilfe nehmen.

▸ **Stell** ihn auf die blaue Linie und **zeichne** das Bild **fertig**!

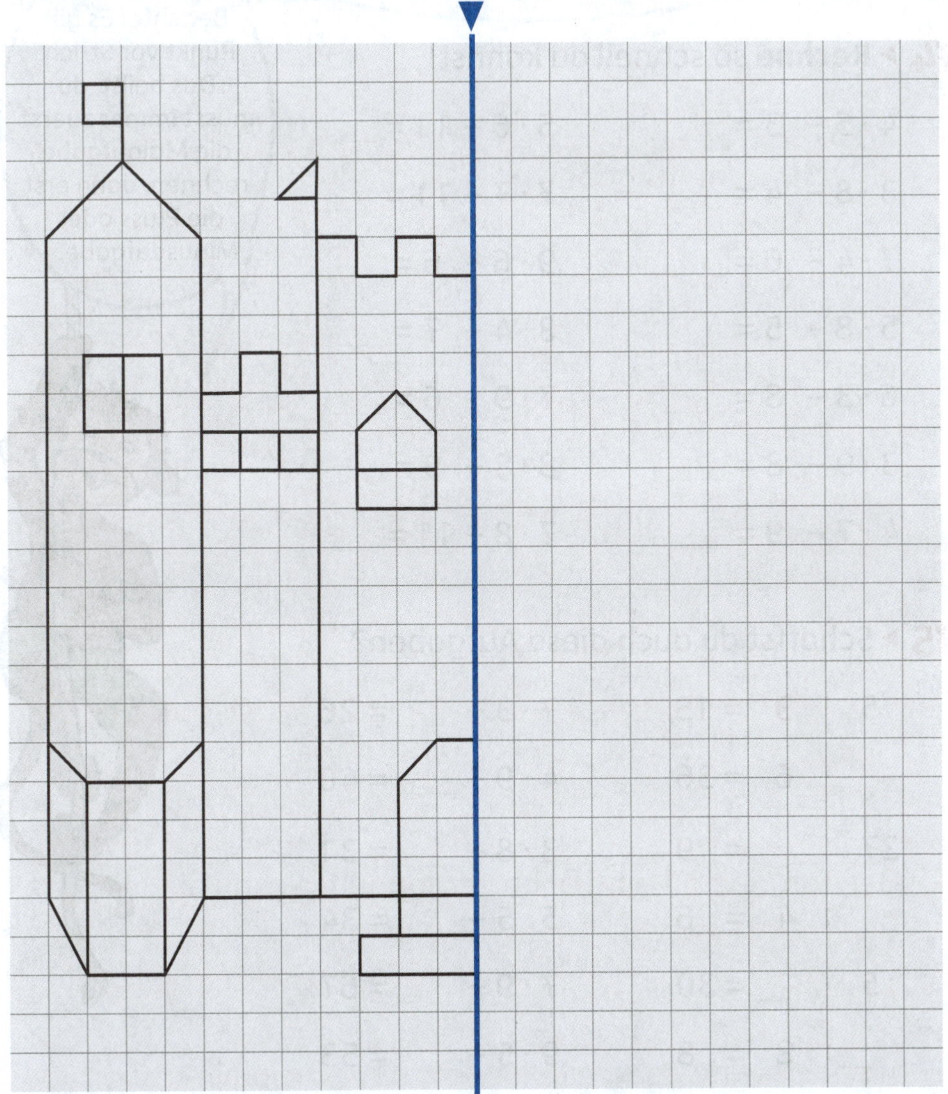

▸ Wenn du Lust hast, kannst du das Bild ausmalen.

Mehrschrittige Aufgaben: Rechen-Fitness

Jetzt wird noch mal richtig trainiert! Also volle Konzentration und los geht's!

Beachte: Es gilt Punkt vor Strich! Das heißt, du musst immer zuerst die Malaufgabe rechnen, dann erst die Plus- oder Minusaufgabe.

74 ▸ **Rechne** so schnell du kannst!

4 · 5 − 3 = ___	5 · 6 − 11 = ___
3 · 8 − 4 = ___	7 · 7 − 11 = ___
7 · 4 − 6 = ___	9 · 6 − 6 = ___
5 · 8 − 5 = ___	8 · 4 − 7 = ___
6 · 3 − 8 = ___	7 · 9 − 6 = ___
3 · 9 − 8 = ___	8 · 8 − 9 = ___
4 · 7 − 9 = ___	7 · 8 − 11 = ___

75 ▸ Schaffst du auch diese Aufgaben?

5 · 3 = 15	7 · 3 + ___ = 26
___ · 6 = 36	4 · 9 + ___ = 40
27 : ___ = 9	3 · 8 + ___ = 31
___ : 4 = 6	5 · 5 + ___ = 34
5 · ___ = 30	7 · 9 + ___ = 67
___ : 8 = 8	9 · 5 + ___ = 53
7 · ___ = 63	8 · 6 + ___ = 55

Einmaleins mit Zehnerzahlen: Bärenstark

76 Der größte Bär der Erde ist der Kodiakbär aus Nordamerika. Willst du wissen, wie schwer er werden kann?

▶ **Verbinde** die Aufgaben mit den Ergebnissen auf den Bärentatzen. Benutze dafür unterschiedliche Farben! Eine Tatze bleibt übrig. Sie verrät dir das Gewicht.

▶ **Kreise** sie **ein**!

Der Kodiakbär kann _______ Kilogramm schwer werden.

Sachaufgaben: Affenfütterung

77 Im Zoo gibt es acht Affen. Jeder Affe bekommt am Nachmittag vier Bananen. In der Bananenkiste sind 40 Bananen.

Frage: Wie viele Bananen sind nach der Affenfütterung noch in der Kiste?

Tipp: Du brauchst **zwei** Rechenschritte!

Rechnung: 1. Schritt: ______________________

2. Schritt: ______________________

Antwort: ______________________

____

Tipp: **Unterstreiche** alle wichtigen Informationen!

Ritterfest

78 Die Hofdame deckt die Tische für das Ritterfest. An jedem Tisch sitzen 7 Ritter. Zum Fest sind 53 Ritter eingeladen, davon haben 4 Ritter abgesagt.

Frage: Wie viele Tische muss die Hofdame decken?

Rechnung: 1. Schritt: ______________________

2. Schritt: ______________________

Antwort: ______________________

____

Kleine Pause: Im Freibad

79 Findest du die acht Unterschiede?

▶ **Kreise** sie auf dem **unteren** Bild ein!

Zahlenrätsel: Im Zirkus

80 Lauter rote Nasen: Kennst du dich im Einmaleins aus?

▶ **Trage** die fehlenden Zahlen aus dem 7er-Einmaleins **ein**!

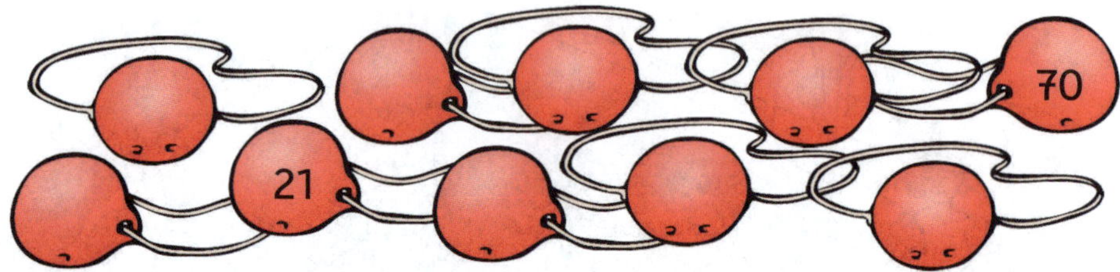

81 Welche Zahlen aus dem 9er-Einmaleins sind größer als 26 und kleiner als 58?

▶ **Trage** sie in ihrer richtigen Reihenfolge **ein**!

82 Welche Zahlen gibt es, die
- zwischen 17 und 42 liegen **und** die man
- durch 4 und durch 8 teilen kann?

▶ **Trage** sie in ihrer richtigen Reihenfolge **ein**!

Zahlenrätsel: Rechen-Fitness

83 Jetzt kommt eine wirklich harte Nuss.
Die knackt nur ein großer Rechenprofi.

▸ **Löse** die Rechenrätsel **durch Probieren**!

1. Wenn ich 20 halbiere und das Ergebnis durch 5 teile, erhalte ich 2.

Ist das richtig oder falsch? Kreuze an!

Rechnung: ______________________________

○ richtig ○ falsch

2. Ich suche eine Zahl zwischen 30 und 40.
Sie ist durch 9 und 4 teilbar.

Welche Zahl meine ich? ______________________________

3. Ich denke mir eine Zahl, teile sie zuerst durch 2, ziehe dann 4 ab und erhalte 3.

Wie heißt meine Zahl? ______________________________

4. Ich denke mir eine Zahl. Sie gehört zum 7er-Einmaleins und zum 8er-Einmaleins. Sie ist größer als 55 und kleiner als 65.

Wie heißt die Zahl? ______________________________

Mehrschrittige Aufgaben: Für  Rechenkönige

84 Zeige, was du kannst! Bekommst du die Rechenkrone?

- **Rechne** die Aufgaben! Wenn du alles richtig gerechnet hast, erhältst du eine Rechenkrone!
- **Male** sie auf der nächsten Seite **aus**!

- **Zerlege** mit den Zahlen aus der 7er-Reihe!
Rechne mit ·, **+** und **–**!

23 = 3 · 7 + 2	41 = 6 · 7 ○ ___
18 = 2 · 7 + ___	65 = ___ · 7 + 2
30 = 5 · 7 – ___	54 = ___ · 7 – 2
45 = 6 · 7 + ___	62 = 9 · 7 ○ ___

- **Zerlege** mit den Zahlen aus der 9er-Reihe!
Rechne mit ·, **+** und **–**!

20 = 2 · 9 + ___	68 = ___ · 9 + 5
48 = 5 · 9 + ___	71 = ___ · 9 – 1
39 = 5 · 9 – ___	87 = 9 · 9 ○ ___
56 = 6 · 9 + ___	71 = 7 · 9 + ___

Bist du ein Rechenkönig?

Hast du alle Aufgaben auf den Rechenkönig-Seiten richtig gelöst? Ja? Dann darfst du die passende Rechenkrone ausmalen!

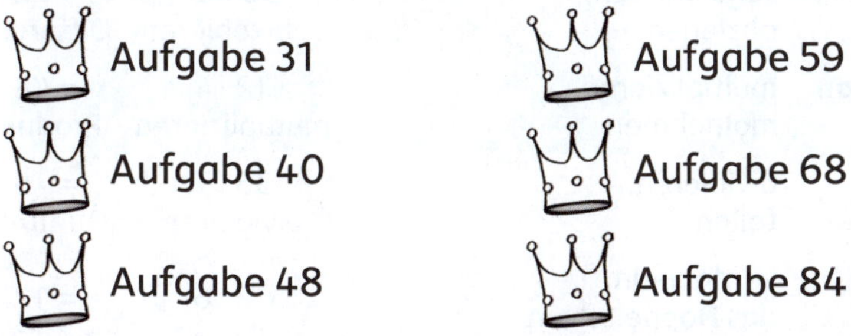

Aufgabe 31

Aufgabe 40

Aufgabe 48

Aufgabe 59

Aufgabe 68

Aufgabe 84

Ich habe _____ Rechenkronen gesammelt!

6 oder 5 Rechenkronen: Super! Du bist ein Rechenkönig!

4 Rechenkronen: Prima! Das ist eine gute Leistung!

3 oder 2 Rechenkronen: Schau mit deiner Mama oder deinem Papa nach, welche Aufgaben oder Einmaleinsreihen du noch nicht so gut kannst und übe diese!

1 oder keine Rechenkrone: Du solltest noch mehr üben!
Du weißt ja: Übung macht den Meister!

Kleines Einmaleins

	1	**2**	**3**	**4**	**5**	**6**	**7**	**8**	**9**	**10**
1	1	2	3	4	5	6	7	8	9	10
2	2	4	6	8	10	12	14	16	18	20
3	3	6	9	12	15	18	21	24	27	30
4	4	8	12	16	20	24	28	32	36	40
5	5	10	15	20	25	30	35	40	45	50
6	6	12	18	24	30	36	42	48	54	60
7	7	14	21	28	35	42	49	56	63	70
8	8	16	24	32	40	48	56	64	72	80
9	9	18	27	36	45	54	63	72	81	90
10	10	20	30	40	50	60	70	80	90	100

Übersicht über die Grundrechenarten

Rechenart	Rechenausdruck	Zeichen	Beispiel	
Addition	addieren, zusammenzählen	+	12 + 4 addieren	= 16 Summe
Subtraktion	subtrahieren, abziehen	–	30 – 8 subtrahieren	= 22 Differenz
Multiplikation	multiplizieren, malnehmen	·	12 · 4 multiplizieren	= 48 Produkt
Division	dividieren, teilen	:	35 : 7 dividieren	= 5 Quotient
verdoppeln	verdoppeln, das Doppelte von	2 ·	2 · 6	= 12
halbieren	halbieren, die Hälfte von	: 2	14 : 2	= 7
vergleichen	ist gleich, ist kleiner als ist größer als	= < >	3 = 3 5 < 6 6 > 5	

Hier noch ein paar Rechentipps:

Die **Tauschaufgabe** hilft dir oft beim Rechnen:

Beispiel: 8 · 2 = ____

Tauschaufgabe: 2 · 8 = 16

Manche Aufgaben werden leichter, wenn du die **Umkehraufgabe** rechnest:

Beispiel: ____ · 7 = 56

Umkehraufgabe: 56 : 7 = 8

Quadratzahlen/Quadrataufgaben: 1 · 1, 2 · 2, 3 · 3 …

Quadratzahlen entstehen immer dann, wenn du eine Zahl mit sich selbst malnimmst.